职业教育人工智能领域系列教材

Python 程序设计基础

北京博海迪信息科技有限公司（泰克教育）　组编

主　编　翟文正
副主编　郭洪延
参　编　苏布达　张大成

机械工业出版社

本书是一本系统介绍 Python 程序开发与应用的教材，全书共 9 章，从 Python 语言概述开始，逐步介绍 Python 的基本语法元素、基本数据类型、程序控制结构、异常处理、函数、高级数据类型、文件和数据格式化，以及面向对象程序设计。每章除了讲解重要的知识点，还通过示例代码演示如何运用这些知识点；每章所设计的实例解析和习题，可使读者更好地理解和巩固所学的内容。

本书概念清晰、内容简练，是广大读者 Python 入门的佳选，非常适合作为职业院校计算机相关专业的教材，也可作为 Python 爱好者的参考用书。

本书配有电子课件，选用本书作为授课教材的教师可登录机械工业出版社教育服务网（www.cmpedu.com）以教师身份免费注册并下载，或联系编辑（010-88379543）咨询。

图书在版编目（CIP）数据

Python 程序设计基础 / 翟文正主编. -- 北京：机械工业出版社，2024.8. -- （职业教育人工智能领域系列教材）. -- ISBN 978-7-111-76443-4

Ⅰ. TP312.8

中国国家版本馆 CIP 数据核字第 20246DV758 号

机械工业出版社（北京市百万庄大街 22 号　邮政编码 100037）
策划编辑：赵志鹏　　　　　　　责任编辑：赵志鹏　赵晓峰
责任校对：韩佳欣　王　延　　　封面设计：马精明
责任印制：邓　博
北京盛通数码有限公司印刷
2024 年 11 月第 1 版第 1 次印刷
184mm×260mm・10.5 印张・246 千字
标准书号：ISBN 978-7-111-76443-4
定价：35.00 元

电话服务　　　　　　　　　　　网络服务
客服电话：010-88361066　　　　机　工　官　网：www.cmpbook.com
　　　　　010-88379833　　　　机　工　官　博：weibo.com/cmp1952
　　　　　010-68326294　　　　金　书　网：www.golden-book.com
封底无防伪标均为盗版　　　　机工教育服务网：www.cmpedu.com

前 言
Preface

  Python 语言具有"**明确**""**简单**"的特点，是一门优秀并被广泛使用的计算机程序设计语言。它因具有丰富和强大的库，已被广泛应用于 Web 开发、网络编程、科学计算、数据库应用、多媒体开发、自动化运维、云计算等诸多领域。除此之外，人工智能、大数据的兴起让 Python 成为一门更加流行的语言。

  通过本书的学习，读者能够快速了解 Python 的语法特点和程序结构，掌握运用函数和面向对象编程的方法，应用 Python 常用库进行快速开发。

  本书具有以下几个主要特点。

1．丰富的示例和例题

  本书针对每个知识点设计了丰富的示例，用于对知识点进行阐述，有利于读者加深对知识点的理解。

2．内容编排循序渐进，层次清晰，结构严谨

  第 1 章 Python 语言概述，主要介绍计算机程序设计语言及执行方式，Python 语言的发展、版本、应用领域和基本特点，以及 Python 语言的开发环境。

  第 2 章 Python 基本语法元素，主要介绍 Python 程序的缩进、注释、变量、命名、保留字、数据类型、赋值语句和引用，以及基本输入输出函数等。

  第 3 章 Python 基本数据类型，主要介绍 Python 的数字类型，包括整型（int）、浮点型（float）、复数类型（complex）和布尔型（bool）4 类，以及字符串类型的表示形式，字符串的索引、切片和常用字符串运算。

  第 4 章 Python 程序控制结构，主要介绍 Python 语言的顺序结构、分支结构和循环结构 3 种流程控制。

  第 5 章 Python 异常处理，主要介绍 Python 异常的概念、类型以及对异常进行的处理操作。

  第 6 章 Python 函数，主要介绍 Python 中函数的定义、参数传递、变量作用域、函数类型、匿名函数和 Python 常用内置函数。

  第 7 章 Python 高级数据类型，主要介绍 Python 中的列表（list）、元组（tuple）、集合（set）、字典（dict）4 种高级数据类型。

  第 8 章文件和数据格式化，主要介绍 Python 文件的类型、文件的打开和关闭、文件的读写，以及数据组织的维度。

  第 9 章面向对象程序设计，主要介绍 Python 类的定义、类的成员，以及 Python 面向对象

的封装、多态特性。

　　本书由北京博海迪信息科技有限公司（泰克教育）组编，翟文正任主编，郭洪延任副主编，苏布达和张大成参与编写。本书得以出版，得到了江苏高校"青蓝工程"支持。

　　由于编者水平有限，书中难免有不妥之处，恳请广大读者批评指正。

编　者

目 录
Contents

前言

第 1 章 Python 语言概述

1.1 计算机程序设计语言 …… 001
1.2 Python 语言简介 …… 002
1.3 Python 语言的开发环境 …… 004
1.4 实例解析：温度转换 …… 015
习题 1 …… 016

第 2 章 Python 基本语法元素

2.1 程序的格式框架 …… 017
2.2 语法元素的名称 …… 018
2.3 数据类型 …… 020
2.4 运算符和表达式 …… 021
2.5 运算符的优先级 …… 028
2.6 引用 …… 030
2.7 基本输入输出函数 …… 031
2.8 实例解析：绘制五角星 …… 035
习题 2 …… 036

第 3 章 Python 基本数据类型

3.1 数字类型 …… 037
3.2 字符串类型 …… 040
3.3 实例解析：恺撒密码 …… 044
习题 3 …… 046

第 4 章 Python 程序控制结构

4.1 程序的三种控制结构 …… 048
4.2 程序的分支结构 …… 049
4.3 程序的循环结构 …… 052
4.4 实例解析：排序算法 …… 061
习题 4 …… 063

第 5 章 Python 异常处理

5.1 语法错误 …… 068
5.2 程序异常 …… 070
5.3 异常处理：try…except…语句 …… 072

5.4 异常处理：try…except…else…语句 …………………… 077
5.5 异常处理：try…except…finally…语句 ………………… 080
5.6 实例解析：素数判断 …………………………………… 083
习题 5 ………………………………………………………… 083

第 6 章 Python 函数

6.1 函数的基本使用 ………………………………………… 086
6.2 函数的参数传递 ………………………………………… 088
6.3 变量作用域 ……………………………………………… 093
6.4 函数类型 ………………………………………………… 095
6.5 匿名函数 ………………………………………………… 098
6.6 Python 常用内置函数 …………………………………… 098
6.7 实例解析：基于函数定义的温度转换 ………………… 099
习题 6 ………………………………………………………… 100

第 7 章 Python 高级数据类型

7.1 序列及分类 ……………………………………………… 103
7.2 列表 ……………………………………………………… 105
7.3 元组 ……………………………………………………… 111
7.4 集合 ……………………………………………………… 114
7.5 字典 ……………………………………………………… 120
7.6 实例解析：简易系统登录程序 ………………………… 123
习题 7 ………………………………………………………… 124

第 8 章 文件和数据格式化

8.1 文件的使用 ……………………………………………… 129
8.2 数据组织的维度 ………………………………………… 135
8.3 实例解析：对《三国演义》中的人物进行统计 ……… 137
习题 8 ………………………………………………………… 138

第 9 章 面向对象程序设计

9.1 面向对象 ………………………………………………… 141
9.2 面向对象的基础 ………………………………………… 142
9.3 面向对象的特性 ………………………………………… 148
9.4 实例解析：打印选手成绩 ……………………………… 157
习题 9 ………………………………………………………… 158

参考文献 ………………………………………………………………… 162

第1章
Python 语言概述

本章主要介绍计算机程序设计语言及执行方式，Python 语言的发展、版本、基本特点以及开发环境。

1.1 计算机程序设计语言

计算机是根据指令操作数据的设备，具备功能性和可编程性两个基本特性。功能性指计算机对数据的操作，表现为数据计算、输入输出处理和结果存储等。可编程性指计算机可以根据一系列指令自动地、可预测地、准确地完成操作者的意图。

程序设计语言是计算机能够理解和识别用户操作意图的一种交互体系，它按照特定规则组织计算机指令，使计算机能够自动进行各种运算处理。按照程序设计语言规则组织起来的一组计算机指令称为计算机程序。

程序设计语言包括三大类：**机器语言、汇编语言、高级语言**。

1. 机器语言

机器语言由 0、1 两种二进制代码构成，是计算机硬件能够直接识别和执行的程序设计语言。

2. 汇编语言

用助记符代替机器语言指令中的操作码，用符号代替操作数的地址，这种由助记符和符号组成的指令集合称为汇编语言。

汇编语言程序不能被计算机直接识别，必须经过翻译，转变为机器语言程序，才能被计算机执行。负责翻译任务的程序称为**汇编程序**。把利用汇编程序将汇编语言程序翻译为机器语言程序的过程称为**汇编**。

3. 高级语言

由于汇编语言同样依赖于计算机硬件系统，且助记符量大难记，于是人们又发明了更加易用的、不依赖于计算机硬件系统的高级语言。

高级语言与计算机的硬件结构及指令系统无关，可移植性好，具有更强的表达能力，可方便地表示数据的运算和程序的控制结构，能更好地描述各种算法，而且容易学习和掌握。

自 1954 年第一个高级语言 FORTRAN 问世到现在，人们已经开发出了几百种高级语言，但绝大多数语言都相继被淘汰。目前主流的程序设计语言主要有：Java、C、Python、C++等。

高级语言按计算机执行方式的不同分为**静态语言**和**脚本语言**。

静态语言采用编译执行，脚本语言采用解释执行。

编译就是把用高级语言编写的源程序翻译成与之等价的计算机能够直接执行的目标代码，编译型语言的典型代表主要有：C、C++、FORTRAN 等。

在解释方式下，解释程序和源程序都要参与到程序的执行过程中，程序执行的控制权在解释程序，解释一句执行一句，解释程序在翻译源程序的执行过程中不产生独立的目标代码。解释型语言的典型代表主要有：BASIC、MATLAB、R、Python 等。

可见两种执行方式的根本区别在于：编译是将源代码**一次性转换成目标代码**，一旦程序被编译，不再需要编译程序或者源代码；解释则是将源代码逐句转换成目标代码同时逐句运行的过程。

Python 语言是高级语言，采用的执行方式是解释方式。

1.2　Python 语言简介

Python 语言由荷兰人 Guido van Rossum（吉多·范罗苏姆）于 1989 年发明。

Guido 希望有一种语言，这种语言能够像 C 语言那样，全面调用计算机的功能接口，又可以像 shell 那样，可以轻松地编程。

1989 年，Guido 开发出 Python 语言的脚本解释程序。他希望 Python 语言能符合他的理想：创造一种 C 和 shell 之间，功能全面，易学易用，可拓展的语言。

1991 年，Guido 发布了 Python 第一个版本。它是用 C 语言实现的，并能够调用 C 语言的库文件。Python 从问世以来，就已经具有了类、函数、异常处理，包含表和词典在内的核心数据类型，以及以模块为基础的拓展系统。

1991～1994 年，Python 语言增加了函数式编程工具 lambda、map、filter、reduce。

2000 年，Python 2.0 发布，加入了内存回收机制，构成了现在 Python 语言框架的基础。2008 年 12 月 Python 3.0 版本发布，Python 3 与 Python 2 不兼容。2009～2019 年相继发布了 Python 2.6.1 版本至 Python 2.7.15 版本和 Python 3.0.1 版本至 Python 3.7.1 版本。更新换代交织频繁地进行。目前 Python 3.x 和 Python 2.x 成了主流版本。

2018 年 3 月，Guido 宣布 Python 2.7 将于 2020 年 1 月 1 日终止支持。

Python 自诞生以来，从名不见经传到跃居到了编程语言排行榜前列。2017 年，IEEESpectrum 发布的研究报告显示，Python 已成为世界最受欢迎的语言，而 C 语言和 Java 语言分别位居第二位和第三位。

Python 语言的设计秉承"明确""简单"的理念，是一门优秀并被广泛使用的语言。除此之外，人工智能、大数据的兴起让 Python 成为一门更加流行的语言。Python 具有如下主要特点。

1. 简单易学

Python 语言的语法结构简单，没有太多的语法细节和要求，变量无须声明，可直接赋值使用，同一个变量可以指向不同类型的数据，程序、函数或模块没有严格的分界符，使用缩进格式，使程序代码更加简洁，也使学习者更容易掌握。

2. 功能强大

Python 提供了丰富的标准库和非常强大的第三方库，只需将库中的相应模块导入程序，就可实现想实现的功能。有这些库作为基础进行程序开发，可大大降低开发周期，提高开发效率，用较少的代码解决较复杂的实际问题，这给程序开发带来很大的方便。

3. 自动内存管理

Python 程序中所使用的每一个对象，系统都将自动为其分配和释放存储空间。通过在程序中自动给对象分配存储空间，通过引用计数、垃圾回收和内存池机制自动释放对象的存储空间，这使得程序员无须关心内存操作的底层细节，可以把主要精力用在程序的算法实现上。

4. 数据类型丰富

Python 提供了丰富的数据类型，包括数字类型（整型、浮点型、复数型、布尔型）、序列类型（字符串、列表、元组、集合、字典）、文件类型和空值类型，利用丰富的数据类型可以有效地组织、管理和处理数据。

5. 运算符丰富

Python 提供了丰富的运算符，包括算术运算符、赋值运算符、关系运算符、逻辑运算符、同一运算符、成员运算符、位运算符和序列运算符等，利用这些运算符可以表达各类复杂的实际问题。

6. 具有可移植性

使用 Python 编写的程序，可以在不同的系统平台执行，即可以跨平台使用，只要所编写的程序避免使用依赖于特定操作系统的特性。

7. 具有可扩展性

Python 语言可以将用其他语言编写的程序扩展到 Python 语言程序中。通常对运行效率要求高的程序，可以用 C 或 C++ 编写部分程序，然后把它扩展到 Python 程序中使用，以弥补 Python 运行效率不高的问题。

8. 具有可嵌入性

用 Python 语言编写的程序可以嵌入到用其他语言编写的程序中使用，如嵌入到 C 或 C++ 程序中使用。

1.3　Python 语言的开发环境

1. Python 下载和安装

运行 Python 程序的关键是安装 Python 语言解释器，可在 Python 官方网站 www.python.org 下载和安装，具体步骤如下。

1）打开 Python 官方网站，如图 1-1 所示。

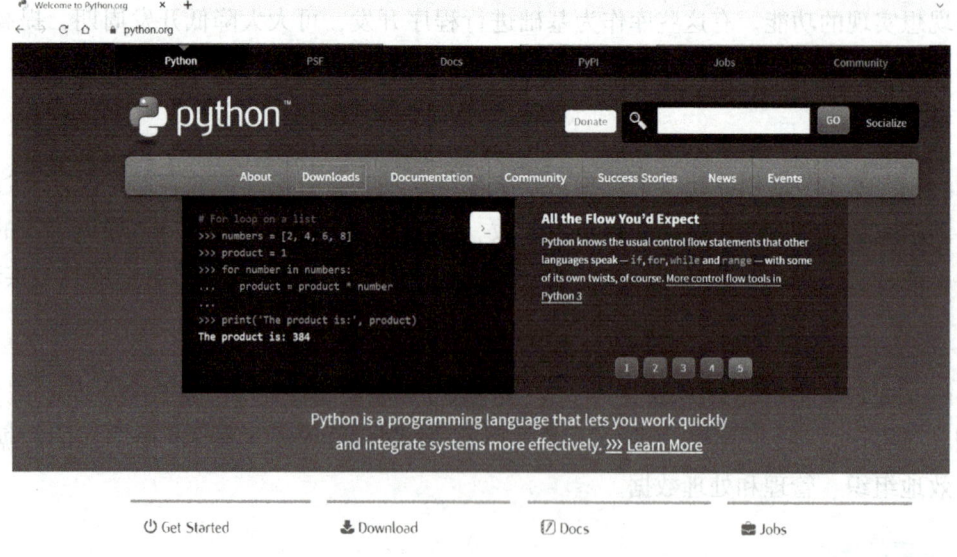

图 1-1　Python 官方网站

2）打开 Downloads 菜单，选择 Windows（Linux/UNIX 操作系统用户选择 Source code，Mac OS X 操作系统用户选择 Mac OS X，其他操作系统用户选择 Other Platforms），出现如图 1-2 所示的对话框。

图 1-2　Download for Windows 页面

3)单击 Windows 按钮,进入详细的下载列表,如图 1-3 所示。其中"Windows x86-64 executable installer"是 64 位操作系统离线安装包,"Windows x86-32 executable installer"是 32 位操作系统离线安装包。

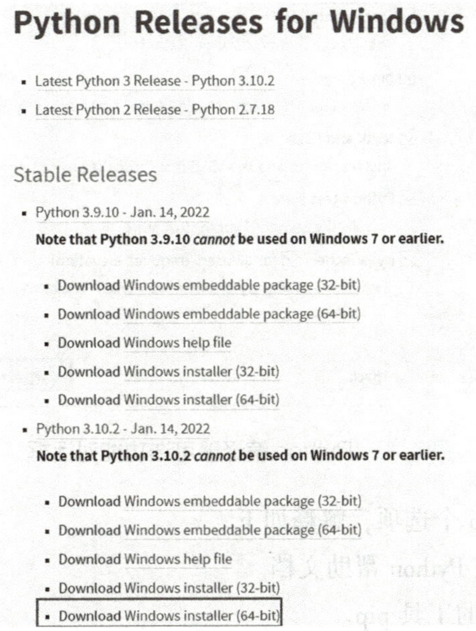

图 1-3 Windows 操作系统对应的 Python 下载列表

4)下载结束后,得到名称为 python-3.10.2-amd64.exe 的可执行文件。双击该文件将显示如图 1-4 所示的安装向导对话框。其中:Install Now 为默认设置安装,Customize installation 为自定义安装,用户可以根据需要选择路径和设置;Add Python 3.10 to PATH 为设置环境变量选项,选中该复选框,安装程序会自动将 Python 的相关环境变量的设置添加到注册表中,否则要在后续手动设置。

图 1-4 Python 编译器安装向导对话框

5）这里选择 Customize installation（自定义安装），出现如图 1-5 所示的对话框。

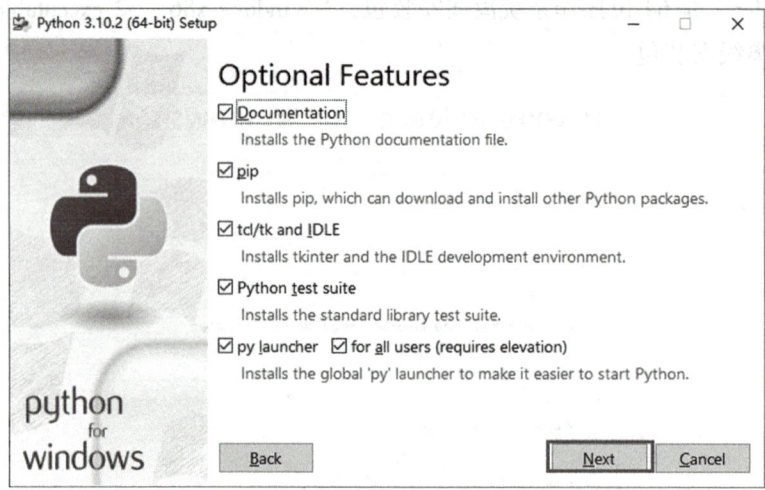

图 1-5　Python 编译器可选功能对话框

6）该选项对话框共有 6 个选项，解释如下。

- Documentation：安装 Python 帮助文档。
- pip：下载 Python 包的工具 pip。
- td/tk and IDLE：安装 tkinter 工具和 IDLE 开发环境。
- Python test suite：安装标准库测试套件。
- py launcher：安装升级以前版本的 Python 启动器。
- for all users（requires elevation）：对所有用户安装。

默认全选，并单击 Next 按钮，出现如图 1-6 所示的对话框。

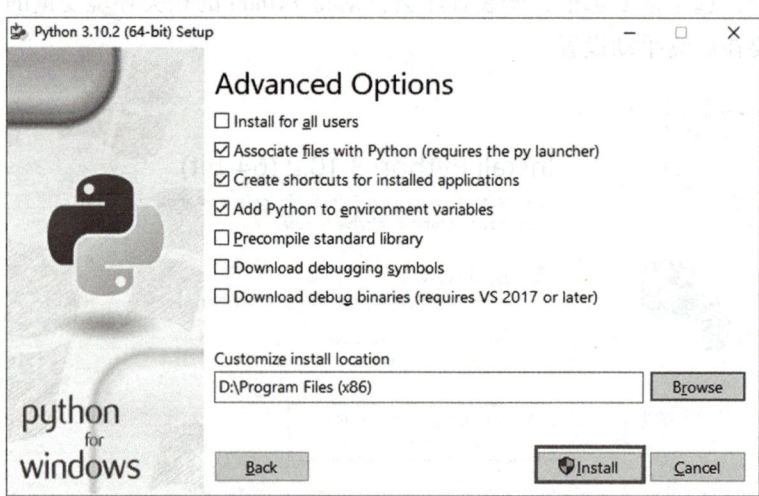

图 1-6　高级选项对话框

7）该选项对话框共有 7 个选项，解释如下。

- Install for all users：对所有用户安装。

- Associate files with Python（requires the py launcher）：安装 Python 相关文档（需要 Python 启动器）。
- Create shortcuts for installed applications：为已安装的应用程序创建快捷方式。
- Add Python to environment variables：添加 Python 环境变量。
- Precompile standard library：预编译标准库。
- Download debugging symbols：下载调试符号表。
- Download debug binaries（requires VS 2017 or later）：下载调试二进制文件（需要 VS 2015 或更高版本）。

还有 1 个文本框：Customize install location：自定义安装路径。

图 1-6 中，有 3 个已经勾选的默认选项，其他选项可根据需要进行选择，安装路径可以自行设置，也可以使用默认路径。选择好后，开始安装。

8）单击 Install 按钮，出现如图 1-7 所示的 Python 编译器安装过程对话框。

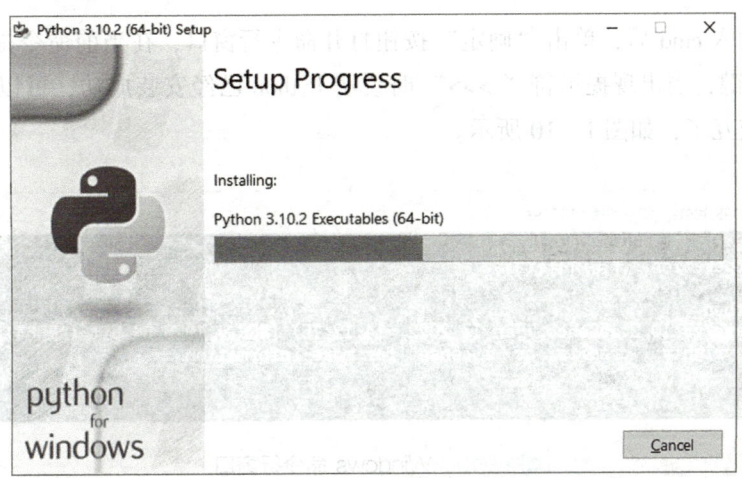

图 1-7　Python 编译器安装过程对话框

安装完成后显示如图 1-8 所示的对话框。

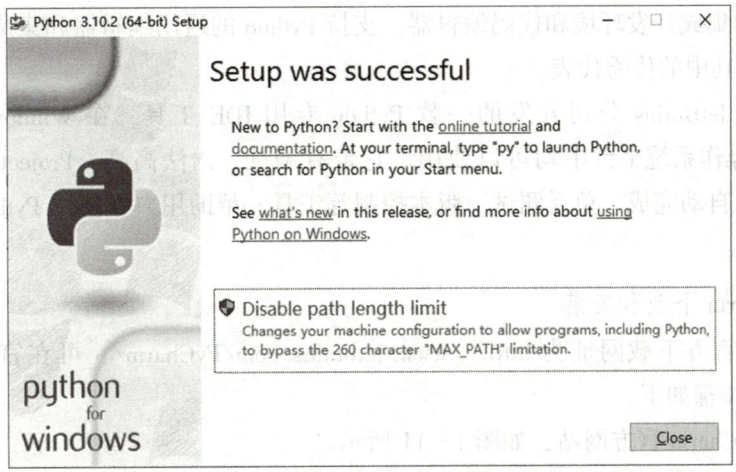

图 1-8　Python 编译器安装完成对话框

9）Python 安装完成后，可通过命令检测 Python 是否成功安装。使用〈Windows + R〉打开运行窗口，如图 1-9 所示。

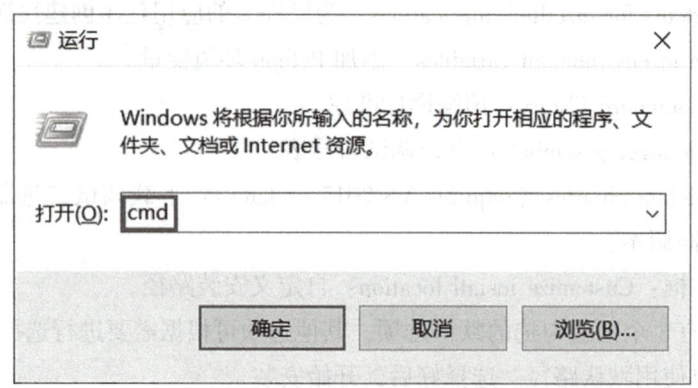

图 1-9　打开 Windows 操作系统的"运行"窗口

在文本框输入 cmd 后，单击"确定"按钮打开命令行窗口，在当前命令提示符后面输入 Python，按回车键，当出现提示符" >>> "时说明 Python 已经安装成功，可以输入 Python 命令与系统进行交互了，如图 1-10 所示。

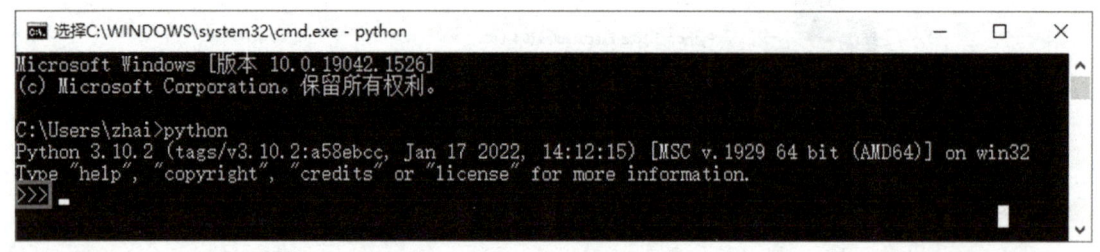

图 1-10　Windows 命令行窗口

2. Python 集成开发环境——PyCharm

Python Shell 或者自带的集成开发环境 IDLE 仅适合编写简单程序，对于大型编程项目，则需借助专业的集成开发环境和代码编辑器。支持 Python 的通用编辑器和集成开发环境有许多，PyCharm 是其中的优秀代表。

PyCharm 是 JetBrains 公司开发的一款 Python 专用 IDE 工具，在 Windows、Mac OS 和 UNIX/Linux 类操作系统平台中均可以使用。它带有调试、语法高亮、Project 管理、代码跳转、智能提示、自动完成、单元测试、版本控制等工具，帮助用户在使用 Python 语言开发时提高效率。

（1）PyCharm 下载和安装

PyCharm 的官方下载网址为 http://www.jetbrains.com/PyCharm/，可在官网下载和安装 PyCharm，具体步骤如下。

1）打开 PyCharm 官方网站，如图 1-11 所示。

单击 Download 按钮后，出现如图 1-12 所示的下载页面。

图 1-11　PyCharm 官方网站

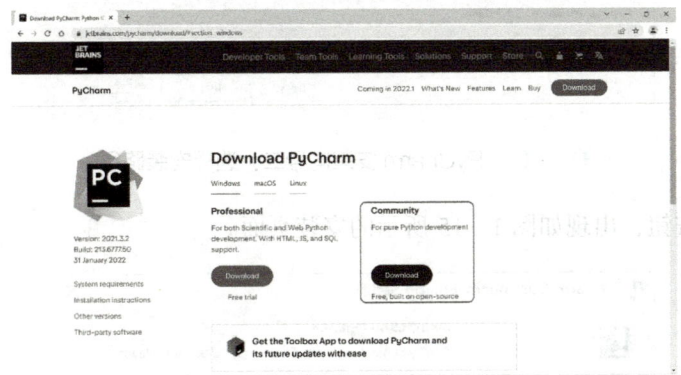

图 1-12　PyCharm 下载页面

该页面显示两个版本，一个是 Professional（专业版），另一个是 Community（社区版），前者免费试用，后者免费且开源。这里选择 Community 版本，单击 Download 开始下载。

2）下载结束后，运行 PyCharm-community-2021.3.2 文件，将显示如图 1-13 所示的安装向导对话框。

图 1-13　PyCharm 安装向导一

①单击 Next 按钮开始安装，首先选择安装路径，如图 1-14 所示。

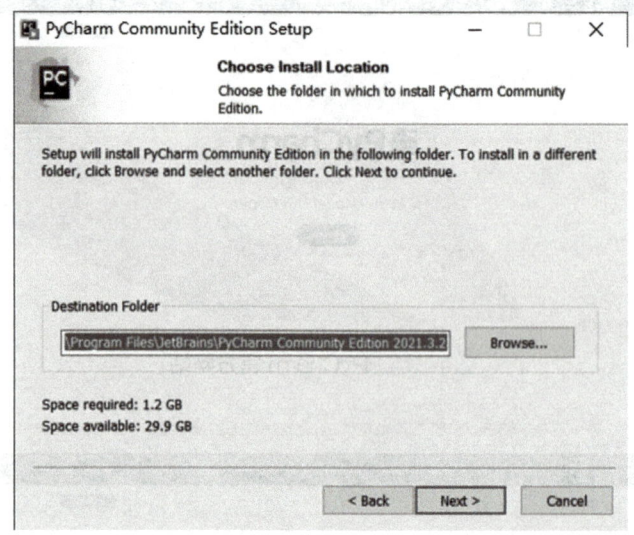

图 1-14　PyCharm 安装向导二：选择安装路径

②单击 Next 按钮，出现如图 1-15 所示的安装页面。

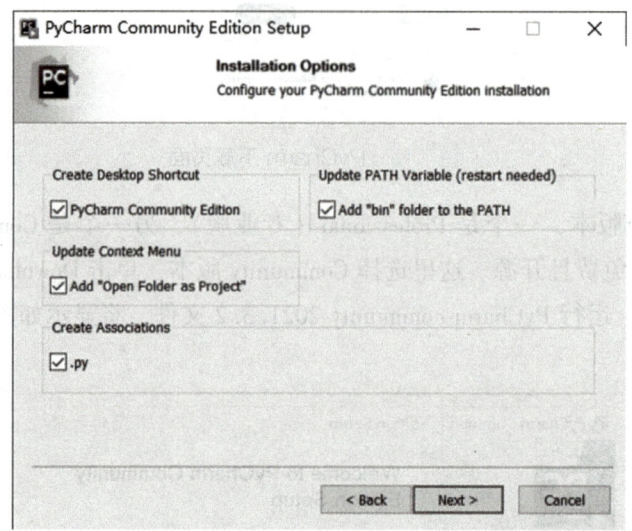

图 1-15　PyCharm 安装向导三：选择安装选项

该对话框有四组选项，解释如下。
- Create Desktop Shortcut：创建桌面快捷方式。
- Update PATH Variable（restart needed）：更新路径遍历（需要重新启动）。
- Update Context Menu：更新上下文菜单。
- Create Associations：创建关联到 Python。

根据需要选择（建议全部选中）后，单击 Next 按钮，出现如图 1-16 所示的选择开始菜单文件夹对话框。

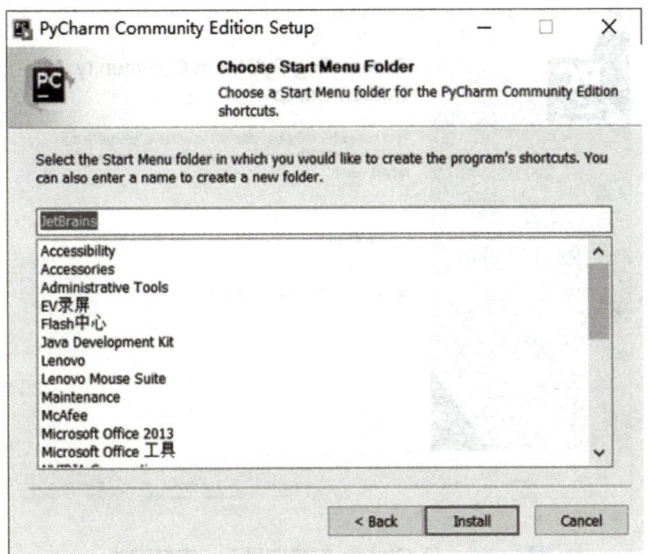

图1-16　选择开始菜单文件夹对话框

③选择默认文件夹，单击 Install 按钮，开始安装。安装过程如图1-17所示。

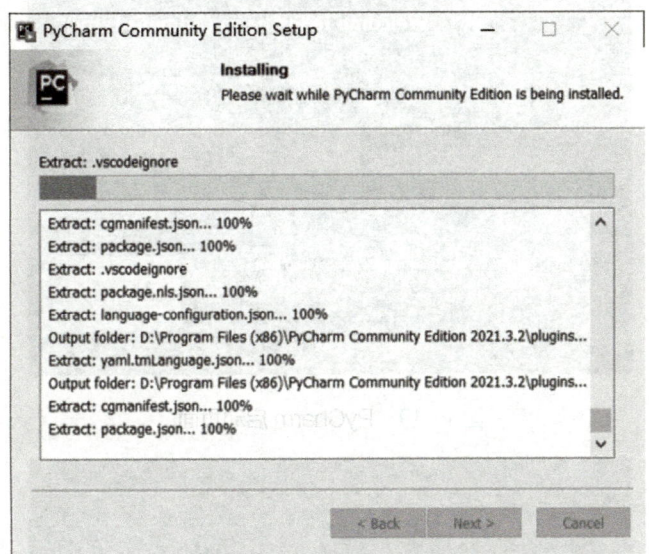

图1-17　PyCharm 安装向导四：安装过程

④安装完成后，出现如图1-18所示的对话框。

(2) PyCharm 的简单使用

双击 PyCharm 桌面快捷方式，将运行 PyCharm IDE，出现如图1-19所示的启动页面。

单击菜单栏中的"Projects"，选择"New Project"用于创建新项目，选择"Open"用于打开已有项目；单击菜单栏中的"Customize"用于设置 PyCharm 编辑环境的风格、字体大小等；单击菜单栏中的"Plugins"用于插件安装。

选择"New Project"创建新项目，出现如图1-20所示的选项页。

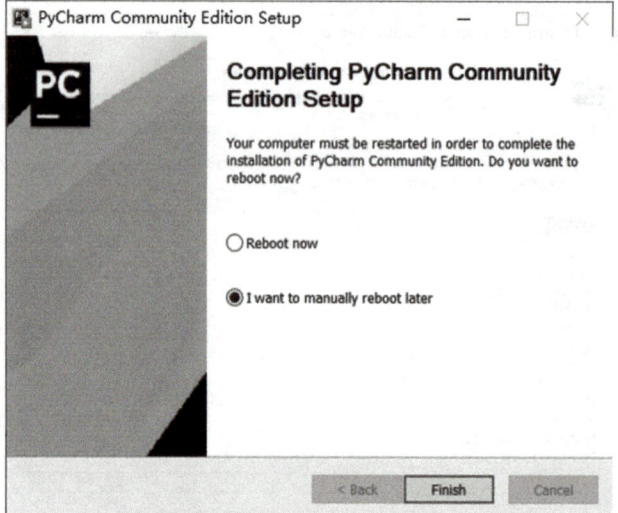

图 1-18　PyCharm 安装向导五：安装完成

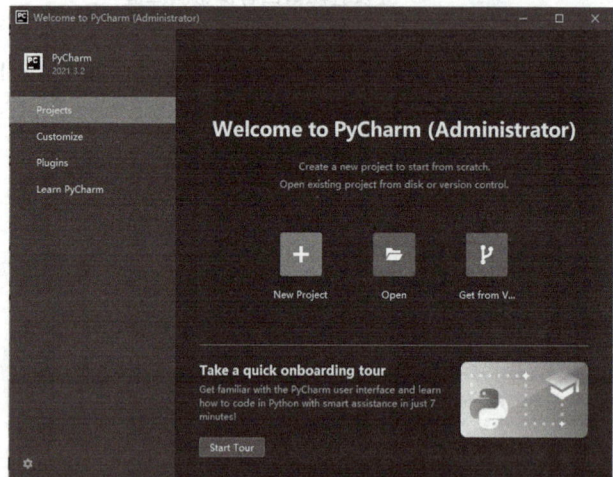

图 1-19　PyCharm 启动页面

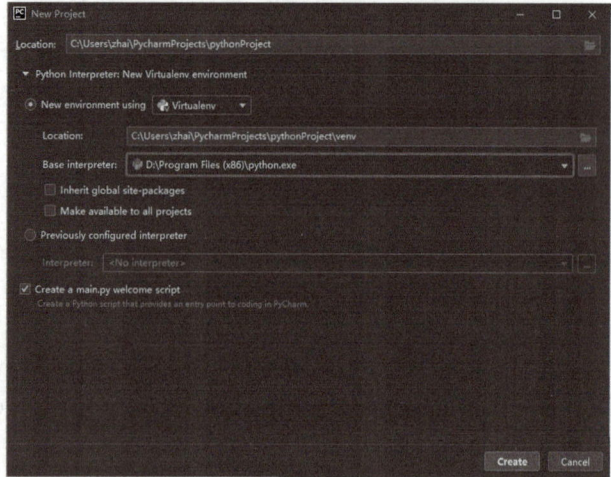

图 1-20　创建新项目选项页

Location 是新项目的存放路径，单击 Create 按钮则会在指定路径下创建新项目，如图 1-21 所示。

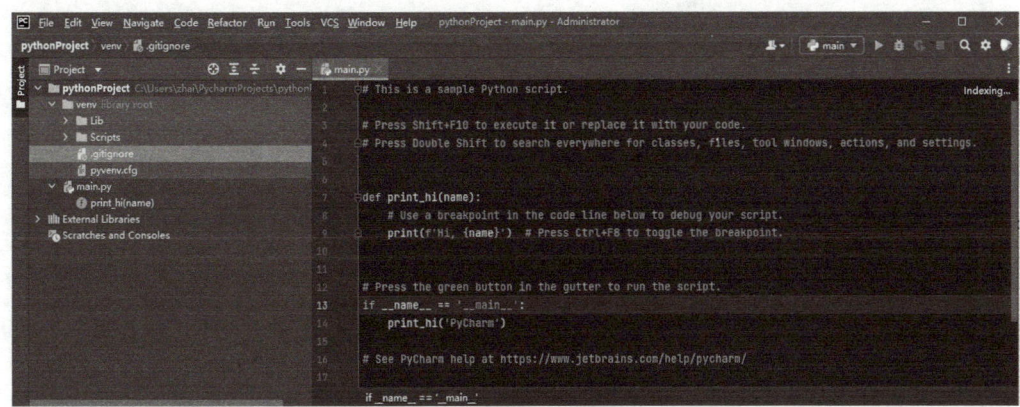

图 1-21　创建后的新项目

注意到 PyCharm 默认的背景色是黑色，可以根据需要进行调整和设置。方法是依次选择 "File" → "Settings" → "Appearance & Behavior" → "Appearance" → "Theme"。打开的 Settings 选项页如图 1-22 所示。

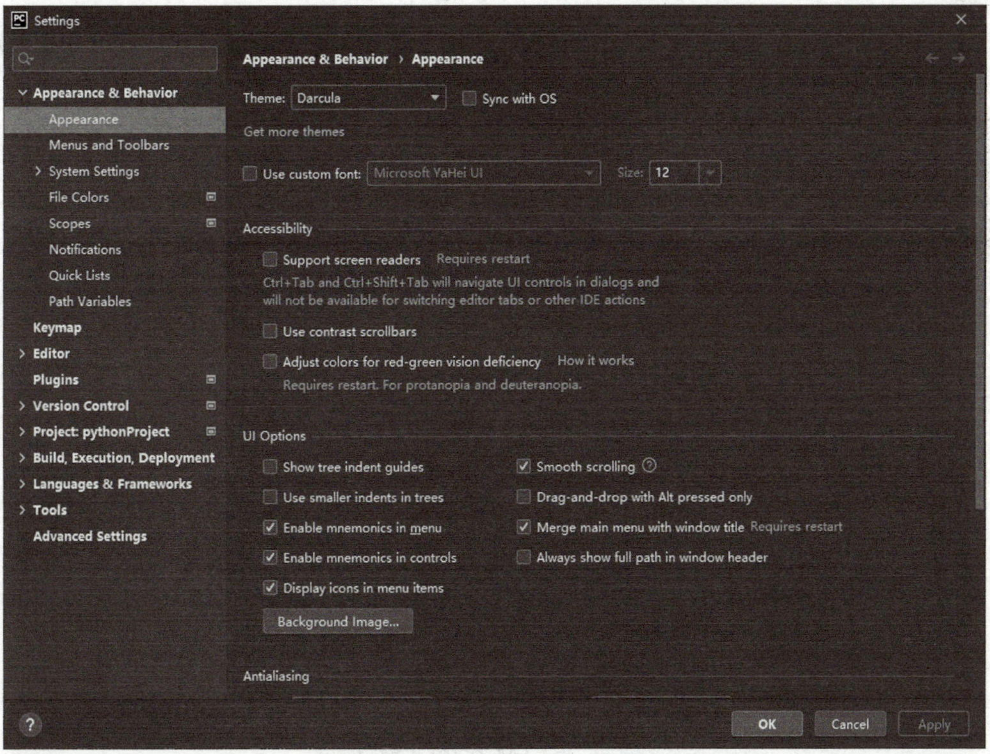

图 1-22　更换主题格式

其中 Theme 表示主题格式，默认为 Darcula，可以根据自身需要选择合适的主题格式，若选择 IntelliJ Light，则出现如图 1-23 所示的 PyCharm 主窗口。

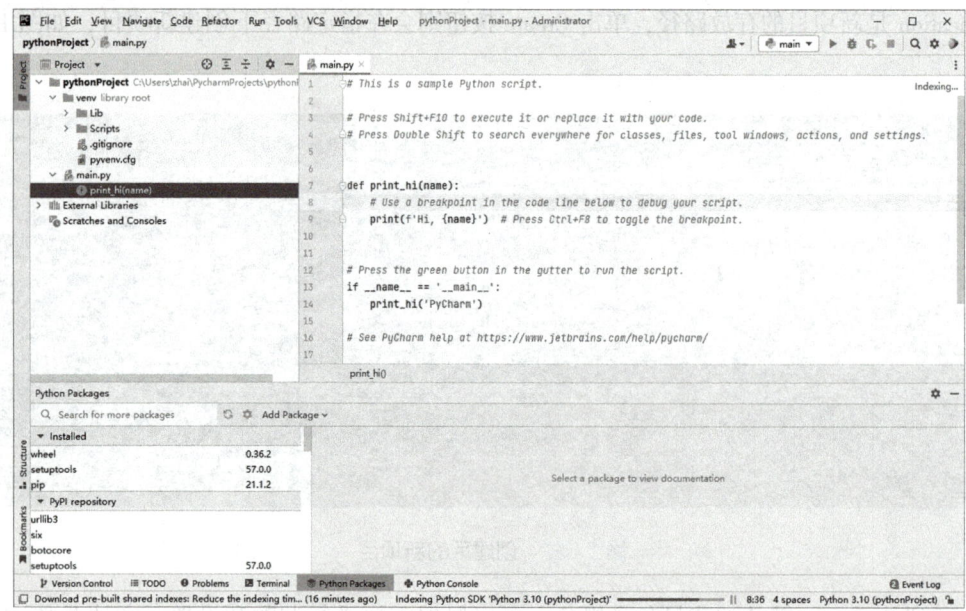

图1-23　IntelliJ Light 主题格式下的 PyCharm 主窗口

接下来创建.py 文件。依次单击"File"→"New"→"Python file"，出现如图1-24所示的页面。

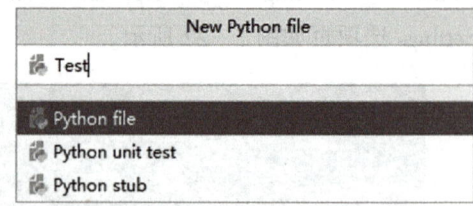

在文本框中输入文件名（这里输入了Test）后，双击列表中的"Python file"，出现如图1-25所示的 PyCharm 主窗口。

图1-24　为新.py 文件命名

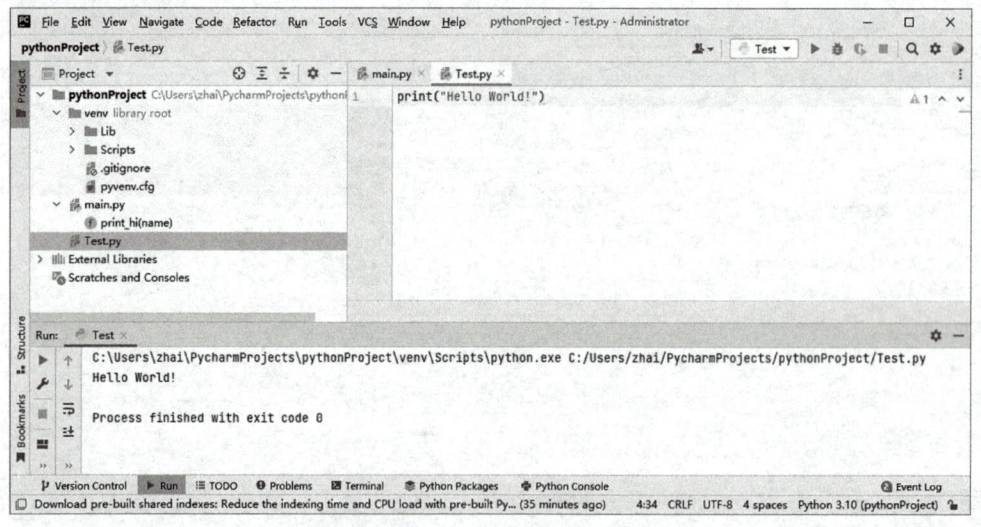

图1-25　PyCharm 主窗口

程序编辑好后，右击鼠标，选择 Run 'Test'，或者按〈Shift + F10〉组合键即可运行程序。如果程序有错误，会在 Run 窗口给出错误信息，如果程序没有错误，会在 Run 窗口给出输出结果。

1.4 实例解析：温度转换

（1）问题描述

不同国家的温度刻画体系不同，所以需要将温度之间执行相应转换。如：

摄氏度：中国等世界大多数国家使用。以标准大气压下水的结冰点为 0 度，沸点为 100 度，将温度进行等分刻画。

华氏度：美国、英国等国家使用。以标准大气压下水的结冰点为 32 度，沸点为 212 度，将温度进行等分刻画。

本实例通过程序将温度值之间进行相互转换，如输入华氏度输出摄氏度，输入摄氏度输出华氏度。

（2）问题分析解决

输入：带华氏或摄氏标志的温度，如 20C 表示 20 摄氏度，90F 表示 90 华氏度。

处理：根据温度标志选择合适的温度转换算法。转换公式如下：

$$C = (F - 32)/1.8$$
$$F = C \times 1.8 + 32$$

其中 C 表示摄氏温度，F 表示华氏温度。

输出：带摄氏或华氏标志的温度值。

根据问题描述和算法设计，编写如下温度转换的 Python 程序代码。

```
#TempTrans.py
#程序输入
Temp = input("请输入带有符号的温度值:")
#判断分支
    if Temp[-1] in ['F','f']:
    #华氏度转换为摄氏度
    C = (eval(Temp[0:-1]) - 32)/1.8
print("转换后的温度是{:.2f}C".format(C))
    elif Temp[-1] in ['C','c']:
    #摄氏度转换为华氏度
        F = 1.8 * eval(Temp[0:-1]) + 32
print("转换后的温度是{:.2f}F".format(F))
#异常情况处理
    else:
    print("输入格式错误")
```

将上述程序保存为文件 TempTrans.py，在 PyCharm 集成开发环境中运行该程序。输入带华氏标志的温度值，程序运行结果如下：

```
请输入带有符号的温度值:90F
转换后的温度是32.22C
```

输入摄氏温度值,再次运行程序结果如下:

```
请输入带有符号的温度值:20C
转换后的温度是68.00F
```

习题1

一、选择题

1. Python 是一种（　　）类型的编程语言。
   A. 机器语言　　　　B. 解释　　　　C. 编译　　　　D. 汇编语言
2. 以下不属于 Python 语言特点的是（　　）。
   A. 语法简洁　　　　B. 依赖平台　　　C. 支持中文　　　D. 类库丰富
3. 以下对 Python 程序缩进格式描述错误的选项是（　　）。
   A. 不需要缩进的代码顶行写，前面不能留空格
   B. 缩进可以用〈Tab〉键实现，也可以用多个空格实现
   C. 严格的缩进可以约束程序结构，可以多层缩进
   D. 缩进是用来美化 Python 程序结构的，可以不缩进

二、知识填空题

1. Python 语言的执行方式是_____方式。
2. Python 语言的设计秉承_____、明确、简单的理念。
3. Python 语言通过强制_____来体现语句间的逻辑关系。
4. 在 Python 程序中使用注释，可以增强程序的_____和对程序进行调试。

第 2 章
Python 基本语法元素

本章主要介绍 Python 的基本语法元素：程序的缩进、注释、变量、命名、保留字、数据类型、赋值语句和引用，基本输入输出函数等。

2.1 程序的格式框架

1. 缩进

Python 语言采用严格的"缩进"来表明程序的格式框架，缩进是指一行代码开始前的空白区域，用来表示代码之间的包含和层次关系。如图 2-1 所示，其中箭头表示当前语句与后面语句之间的缩进关系，表明这些行代码在逻辑上属于之前紧邻的无缩进代码行的所属范畴。

```
#TempTrans.py
#程序输入
Temp=input("请输入带有符号的温度值：")
#判断分支
if Temp[-1] in ['F','f']:
    #华氏度转换为摄氏度
    C=(eval(Temp[0:-1])-32)/1.8
    print("转换后的温度是{:.2f}C".format(C))
elif Temp[-1] in ['C','c']:
    #摄氏度转换为华氏度
    F=1.8*eval(Temp[0:-1])+32
    print("转换后的温度是{:.2f}F".format(F))
#异常情况处理
else:
    print("输入格式错误")
```

图 2-1 Python 程序的缩进与格式框架

不需要缩进的代码顶行编写，不留空白。代码编写中，缩进可以使用〈Tab〉键实现，也可以使用一个空格或多个空格，但两者不混用。一般建议采用 4 个空格长度作为一个缩进量。

一般来说，当表示分支、循环、函数、类等语法形式时，在 if、while、for、def、class 等保留字所在完整语句后通过英文冒号（:）结尾并在后面的行进行缩进，表明后续代码与紧邻无缩进语句的所属关系。

2. 注释

注释是程序员在代码中加入的一行或多行信息，用来对语句、函数、数据结构或方法等进行说明，提升代码的可读性。注释会被编译或解释器略去而不被计算机执行。

Python 语言采用 "#" 表示一行注释的开始，单行注释可以写在一段代码的前面，占用一行，也可以写在语句的后面。

多行注释可以一次性注释多行内容，使用多行注释需要在每行开始都使用 "#" 或者以 "'''"（3 个单引号）开头和结尾。

3. 续行符

Python 程序是逐行编写的，每行代码长度无限制。当一行的代码较长时，可以使用"续行符"将单行代码分割为多行表达，行的结尾为续行符表示下一行与本行是同一条语句。

```
print("我是一个程序员,\
我爱学 python!")
```

续行符为反斜杠 "\" 字符。

上述代码等价于：

```
print("我是一个程序员,我爱学 python!")
```

4. 分号

Python 允许在一行写多条语句，但两条语句之间必须用分号 "；" 隔开。

Python 编码规范要求不论语句有多短，每行也只写一条语句；在程序中尽量不使用分号。

5. 空格

在 Python 程序中，可以使用空格以增强程序的可读性。

关于空格的使用规范建议：

1）单目运算符与运算对象之间不加空格。
2）逗号前不加空格，逗号后加一个空格。
3）函数参数中的赋值号 = 两边不加空格。
4）不要为了对齐而增加空格。

6. 空行

在 Python 程序中，可以使用空行增强程序的可读性。

关于空行的使用规范建议：函数、类等定义前后各加一个空行。

2.2 语法元素的名称

1. 标识符

标识符（Identifier）是程序员在编程时自定义的一些符号和名称，用于给变量、常量、

函数、语句块、类等命名,其命名规则为:

1) 由字母、数字和下划线组成,但只能以字母或者下划线开头。

字母可以是大小写的英文字母,也可以是非 ASCII 字母(如重音字符、汉语、希腊语、日语、韩语、俄语等)。

【示例 2.1】Sum、a、长度、p_2 都是合法的标识符,而 3b 、c#和 p – 1 都是不合法的标识符。

2) 不能包括除下划线以外的其他任何特殊字符,如%、#、& 等。

3) 不能包含换行符、空格和制表符等空白字符。

4) 不能使用 Python 关键字和约定俗成的名称等,如 def、print 等不能作为标识符。

5) 标识符区分大小写,如 Number 和 number 是两个不同的标识符。

6) 标识符命名应做到"见名知意",例如,长度使用 Length,圆周率使用 PI 等。

标识符命名规范建议:

1) 常量的每个字母均大写。

2) 变量名、函数名和类名等均采用驼峰格式,即每个单词的首字母大写。

3) 模块名、包名、文件名的每个字母均小写。

4) 应尽量避免出现单个字母(除计数器、循环变量等)的命名情况。

2. 变量

变量就是在程序执行过程中值可以变化的量,可将变量看成一个用来存放数据的容器。为方便读取变量,需要给它们关联一个标识符(名字),关联标识符的过程称为命名,命名用于保证程序元素的唯一性。例如图 2 – 1 中,Temp 是一个接收输入字符串的变量名字。

变量有三个要素:数据类型、变量名和变量值。给变量赋值后该变量被创建,其类型和值在赋值的同一时刻被初始化。为变量赋值的语法格式为:

变量名 = 值

其中" = "是赋值运算符,变量值既可以是常量,也可以是已经定义过的变量名。

说明:

1) 在 Python 语言中,指定变量名的同时必须强制赋初值,否则编译器会报错。如图 2 – 2 所示。

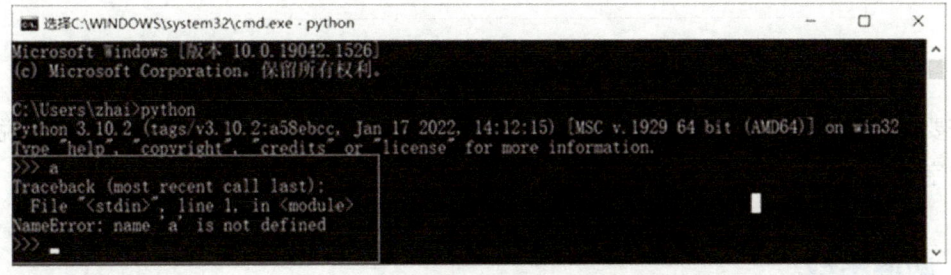

图 2 – 2 变量未赋初值的编译器报错

2) Python 是一种动态类型语言,即变量的类型随着变量值的变化而变化。例如:

```
>>>a = 365
>>>a = "Python"
```

通过语句 a = 365 使变量 a 引用整型对象 365，再通过语句 a = "Python" 使变量 a 又引用了字符串类型对象 "Python"，这样变量 a 就不再是整型对象 365 的引用了。

3）允许同时为多个变量赋同一个值。例如：a = b = c = 1。

也可以同时为多个变量赋不同的值。例如：

```
>>>a,b,c = 1,2,3
>>>a
1
>>>b
2
```

3. 关键字

关键字（Keyword）又称保留字，是 Python 语言预先定义的一部分有特定意义的单词，这就要求开发者在开发程序时，不能把关键字作为变量、函数、类、模板或其他对象的名称来使用，否则会引起异常。

可以使用语句"help（"keywords"）"查看 Python 系统的关键字。执行结果如图 2-3 所示。

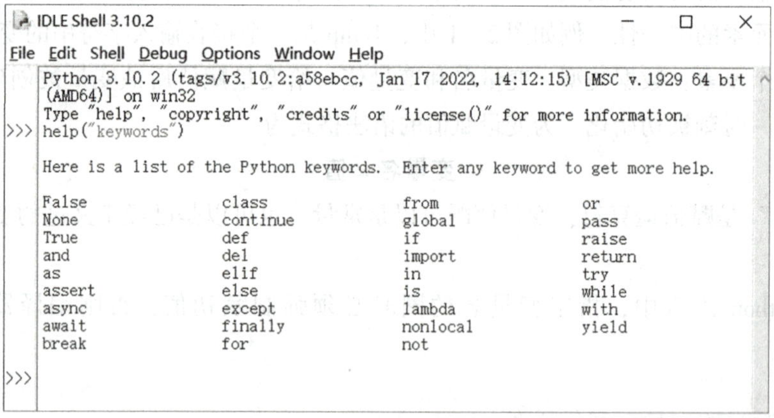

图 2-3　查看 Python 中的关键字

需要注意的是，由于 Python 是严格区分大小写的，关键字也不例外。所以，可以说 True 是关键字，但 true 就不是关键字。

2.3　数据类型

计算机对数据进行运算时需要明确数据的类型和含义，Python 语言支持多种数据类型，最简单的如数字类型、字符串类型；复杂的包括元组类型、集合类型、列表类型、字典类型等。本节先简要介绍数字类型和字符串类型的概念,对这两种类型将在第3章详细介绍。

1. 数字类型

表示数字或数值的数据类型称为数字类型,主要包括整型、浮点型和复数型,分别对应数学中的整数、实数和复数。

一个整数值可以表示为二进制、八进制、十进制和十六进制等不同进制形式。例如:二进制整数10100101,其各种进制的数据分别如下:

八进制:0o245

十进制:165

十六进制:0xA5

一个浮点数可表示为带有小数点的一般形式,也可采用科学计数法表示。

2. 字符串类型

字符串是字符的序列,采用一对双引号""或一对单引号''括起来的一个或多个字符来表示。可以通过正向递增序号和反向递减序号的方法对字符串单个字符或字符片段进行索引,如图2-4所示。

字符串:	H	e	l	l	o	!
索 引:	0	1	2	3	4	5
负索引:	-6	-5	-4	-3	-2	-1

图2-4 字符串的两种索引方式

如果字符串长度为L,正向递增序时最左侧字符序号为0,向右依次递增,最右侧字符序号为L-1;反向递减序时最右侧字符序号为-1,向左依次递减,最左侧字符序号为-L。这两种索引字符的方法可同时使用。

可采用[N:M]格式获取字符串的子串,该操作称为切片,将得到字符串中从N到M(不包含M)间连续的子字符串。

对图2-4中的字符串进行切片操作:

```
s ='Hello!'
print("字符串从2 到4 的切片为:" +s[2:4])
```

运行结果:

字符串从2 到4 的切片为:ll

2.4 运算符和表达式

对各种类型的数据进行加工的过程称为运算,表示各种不同运算的符号称为运算符。运算符是说明特定操作的符号,是构造 Python 语言表达式的工具。Python 语言的运算符异常丰富，除控制语句和输入输出以外几乎所有的基本操作都可由运算符来完成。Python 语言内置了丰富的运算符，并提供了以下类型的运算符：算术运算符、赋值运算符、关系（比较）运算符、逻辑运算符、位运算符、成员运算符和身份运算符，共七类运算符。

参与运算的数据称为操作数，按操作数的数目来分，可以有：

1) 一元运算符，如 ~ 、not 等。
2) 二元运算符，如 * 、/ 、> 、+ 等。

使用运算符将不同类型的常量、变量、函数或者表达式按照一定规则连接起来的式子叫表达式。Python 语言的表达式主要包括：算术表达式、关系表达式、逻辑表达式等。

1. 算术运算符

算术运算符也称为数学运算符，主要用来对数字进行数学计算，如加、减、乘、除等。表 2-1 列出了 Python 支持的基本算术运算符，表 2-1 中 a = 10，b = 21。

表 2-1 算术运算符

运算符	描述	实例
+	加：两个对象相加	a + b 输出结果为 31
-	减：得到负数或是一个数减去另一个数	a - b 输出结果为 -11
*	乘：两个数相乘或是返回一个被重复若干次的字符串	a * b 输出结果为 210
/	除：x 除以 y	b/a 输出结果为 2.1
%	取模：返回除法的余数	b%a 输出结果为 1
**	幂：返回 x 的 y 次幂	a ** b 输出结果为 10 的 21 次方
//	取整除：返回商的整数部分	9/2 输出结果为 4，9.0//2.0 输出结果为 4.0

说明：

1) 使用除法（/或者//）运算符和求模（%）运算符时，除数不能为 0，否则引起错误。
2) 可以对浮点数取模运算，如 3.5%2 的结果为 1.5。

【示例 2.2】计算圆的面积。

```
pi = 3.14159
r = 10
print("圆的面积为:" + str(pi * r * r))
```

运行结果：

圆的面积为:314.159

2. 赋值运算符

赋值运算符为 " = "，使用格式为：

变量 = 表达式

赋值运算符的作用是将一个数（常量、变量或表达式等）赋值给另一个变量。具体地，是把赋值号右边的值计算后存放到赋值号左端变量所表示的存储单元中。

例如：

```
>>>a = 37
>>>a
37
```

赋值表达式不要出现在小括号内。小括号通常具有特殊含义，主要在元组创建时使用，关于元组的概念将在后续章节详细介绍。但是并不表示运算符组成的表达式中不能出现小括号。

【示例 2.3】赋值表达式与小括号。

```
>>>a = 11
>>>c = b = (a + 1)
>>>c
12
>>>b
12
```

示例 2.3 中第 2 行的赋值表达式从右向左执行，先计算 a + 1 的值，然后赋值给 b 变量，再把 b 变量的值赋值给 c 变量。所以 c 和 b 表示的值一样，都是 12。

```
>>>c = (b = a + 1)
File"<stdin>", line 1
    c = (b = a + 1)
       ^
SyntaxError: invalid syntax
```

此时出现了语法错误，这是因为 Python 把括号内的表达式当成了一个整体，而此时这个整体被理解成元组的定义，而语句中写的是赋值表达式，所以出现语法错误。对于初学者来说，要注意表达式中避免出现这样的一些问题。

Python 的算术表达式具有结合性和优先性。结合性是指表达式按照从左往右、先乘除后加减的原则。即从表达式的左边开始计算，先执行乘法和除法运算，再执行加法和减法运算。如 a + b * c % d，这里先把 b * c 结合，b 和 c 是 * 的左右操作数。b * c 这个整体接着与 % 结合，看作 % 的左操作数，d 看作 % 的右操作数。然后 b * c % d 这个整体再看作 + 的右操作数。

在执行时，按照从左往右的顺序，先确定 + 左边的值（即 a 的值），再计算右边 b * c % d 的值。而右边是一个子表达式，因此按顺序确定 b，再确定 c，然后计算 b * c 的值作为 % 的左操作数，接着确定了 % 的右操作数 d，计算两者的结果。此时就得到了 b * c % d 的结果，作为前面 + 的右操作数。最后计算 + 运算，得到整个表达式的值。

Python 中最基本的赋值运算符是"=", 结合其他运算符，还能扩展出更强大的复合赋值运算符，表 2-2 列出了 Python 中常用的赋值运算符。

表 2-2 赋值运算符

运算符	描述	实例
=	简单的赋值运算符	c = a + b 将 a + b 的运算结果赋值为 c
+=	加法赋值运算符	c += a 等效于 c = c + a
-=	减法赋值运算符	c -= a 等效于 c = c - a
*=	乘法赋值运算符	c *= a 等效于 c = c * a
/=	除法赋值运算符	c /= a 等效于 c = c / a
%=	取模赋值运算符	c %= a 等效于 c = c % a
**=	幂赋值运算符	c **= a 等效于 c = c ** a
//=	取整除赋值运算符	c //= a 等效于 c = c // a

说明：

1) 所有的赋值运算符均为二元运算符，结合性为右结合。

2) 赋值运算符优先级较低。

【示例 2.4】幂赋值运算符及相应表达式。

```
>>>a = 21
>>>c = 2
>>>c ** = a
>>>c
2097152
```

幂赋值运算符实际上计算的是幂指数，这里计算的是 2 的 21 次方。

【示例 2.5】取整除赋值运算符及相应表达式。

```
>>>a = 21
>>>c = 2097152
>>>c //= a
>>>c
99864
```

取整除赋值运算符计算的是两个数相除后得到的整数部分，示例 2.5 中，2097152 除以 21 得到整数部分为 99864。

3. 关系运算符

关系运算也称为比较运算，用来对常量、变量或表达式的结果进行大小、真假等比较。Python 中有 6 种关系，分别为小于（<）、小于或等于（<=）、大于（>）、等于（==）、大于或等于（>=）、不等于（!=）。如果条件成立，则返回布尔值 True（真），否则返回 False（假）。关系运算符经常用在选择语句或者循环语句中作为条件判断的依据。表 2-3 列出了 Python 中常用的关系运算符。

表2-3 Python 中常用的关系运算符

运算符	描述	实例
==	等于：比较对象是否相等	（a==b）返回 False
!=	不等于：比较两个对象是否不相等	（a!=b）返回 True
>	大于：返回 a 是否大于 b	返回 False
<	小于：返回 a 是否小于 b。所有关系运算符返回 1 表示真，返回 0 表示假。这分别与特殊的变量 True 和 False 等价。注意这些变量名的大写	（a<b）返回 True
>=	大于或等于：返回 a 是否大于等于 b	（a>=b）返回 False
<=	小于或等于：返回 a 是否小于等于 b	（a<=b）返回 True

关系运算符通常不单独使用，只有结合了条件语句等才有实际的判断意义。

Python 中的关系表达式从左到右计算，若所有值均为真，则返回最后一个值，若存在假，返回第一个假值。

【示例 2.6】关系表达式的应用。

```
>>>a =12
>>>b =4
>>>a > b
True
>>>a = =b
False
```

同算术运算符一样，不同的关系运算符的优先级也不同。关系运算符的优先级低于算术运算符。

4. 逻辑运算符

常用的逻辑运算符有与（and）、或（or）和非（not），表2-4 列出了 Python 中常用的逻辑运算符，表中假设变量 a 为 10，b 为 20。

表2-4 Python 的逻辑运算符

运算符	逻辑表达式	描述	实例
and	x and y	"与"运算：如果 x 为 False，x and y 返回 False，否则它返回 y 的计算值（同1为1）	（a and b）返回 20
or	x or y	"或"运算：如果 x 是 True，它返回 x 的值，否则它返回 y 的计算值（有1为1）	（a or b）返回 10
not	not x	"非"运算：如果 x 为 True，返回 False。如果 x 为 False，它返回 True（求反）	not（a and b）返回 False

【示例 2.7】and 运算是"与"运算,只有所有都为 True,and 运算结果才是 True。

```
>>>True and True
True
>>>True and False
False
>>>False and False
False
>>>5 >3 and 3  > 1
True
```

【示例 2.8】or 运算是"或"运算,只要其中有一个为 True,or 运算结果就是 True。

```
>>>True or True
True
>>>True or False
True
>>>False or False
False
>>>5 > 3 or 1 > 3
True
```

【示例 2.9】not 运算是"非"运算,它是一个单目运算符,把 True 变成 False,False 变成 True。

```
>>>not True
False
>>>not False
True
>>>not 1  > 2
True
```

逻辑非的优先级大于逻辑与和逻辑或的优先级,而逻辑与和逻辑或的优先级相等。逻辑运算符的优先级低于关系运算符,必须先计算关系运算符,然后再计算逻辑运算符。

5. 位运算符

在计算机内部,数据是以二进制编码进行存储的,Python 支持的位运算符允许操作单个"bit",即二进制位。位运算符会对两个自变量中对应的位执行逻辑运算,并最终生成一个结果。

Python 语言支持逻辑运算符,详见表 2-5,表中假设变量 a 为 60,b 为 13。

表2-5 Python的逻辑运算符

运算符	描述	实例
&	按位与运算符：参与运算的两个值,如果两个相应位都为1,则该位的结果为1,否则为0	（a&b）输出结果为12，二进制解释：0000 1100
|	按位或运算符：只要对应的两个二进位有一个为1时,结果位就为1	（a|b）输出结果为61，二进制解释：0011 1101
^	按位异或运算符：当两个对应的二进位相异时,结果为1（相异为1）	（a^b）输出结果为49，二进制解释：0011 0001
~	按位取反运算符：对数据的每个二进制位取反,即把1变为0,把0变为1。~x类似于-x-1	（~a）输出结果为-61，二进制解释：1100 0011
<<	左移动运算符：运算数的各二进位全部左移若干位,由<<右边的数字指定了移动的位数,高位丢弃,低位补0	a<<2输出结果为240，二进制解释：1111 0000
>>	右移动运算符：把">>"左边的运算数的各二进位全部右移若干位,">>"右边的数字指定了移动的位数,低位超出丢弃,高位补0	a>>2输出结果为15，二进制解释：0000 1111

【示例2.10】假设变量a的值为十进制数60，b的值为十进制数13，其二进制格式分别如下：

a = 0011 1100

b = 0000 1101

位运算的几种情况如下所示：

```
>>>a&b
12            #二进制数为:0000 1100
>>>a|b
61            #二进制数为:0011 1101
>>>a^b
49            #二进制数为:0011 0001
>>>~a
-61           #二进制数原码为:-00111101,负数用补码表示,所以结果为:1100 0011
>>>a<<2
240           #二进制数为:1111 0000
>>>a>>1
30            #二进制数为:0001 1110
```

6. 成员运算符

Python的成员运算符的作用是判断某个指定值是否存在于某一个序列中，包括字符串、列表或者元组。但是要注意的是，在成员运算符中，对于成员的运算不仅包含值的大小，还包含了类型的判断。Python有两个成员运算符，见表2-6。

表2-6　Python的成员运算符

运算符	描述	实例
in	如果在指定的序列中找到值则返回True，否则返回False	x in y，如果x在y序列中返回True
not in	如果在指定的序列中没有找到值则返回True，否则返回False	x not in y，如果x不在y序列中返回True

【示例2.11】成员运算符的应用。

```
>>>a =365
>>>a in [3,6,5,365]    #输出:True
>>>a in [3,6,5]        #输出:False
>>>a not in [3,6,366]  # 输出:True
```

7. 身份运算符

Python提供的身份运算符用来判断两个标识是否引用自同一个对象，而之前关系运算符中的"= ="则是用来比较两个对象的值是否相等。身份运算符具体说明见表2-7所示。

表2-7　Python的身份运算符

运算符	描述	实例
is	is 是判断两个标识符是不是引用自一个对象	x is y，类似id(x) = =id(y)，如果引用的是同一个对象则返回True，否则返回False
is not	is not 是判断两个标识符是不是引用自不同对象	x is not y，类似id(a)! =id(b)。如果引用的不是同一个对象则返回结果True，否则返回False

在身份运算中，内存地址相同的两个变量运行is运算时，返回True；内存地址不一样的两个变量进行is not运算时，返回True。

Python身份运算符的机制说明：在Python中的变量有3个固定的属性：name、id、value。name可以理解为变量名，id可以看作内存地址，value是变量的值。is运算符则是通过id来进行判断的，如果id一样就返回True，否则返回False。而表2-7中的id函数是用来获取对象的内存地址的，因此id函数和is运算符的功能是一致的。

2.5　运算符的优先级

在一个表达式中可能包含多个由不同运算符连接起来的、具有不同数据类型的数据对象。由于表达式有多种运算，不同的运算顺序可能得出不同结果，甚至出现错误运算错误。因此当表达式中含多种运算时，必须按一定顺序进行结合，才能保证运算的合理性和结果的正确性、唯一性。

表达式的结合次序取决于表达式中各种运算符的优先级。优先级高的运算符先结合，优先级低的运算符后结合。

在 Python 中的各种运算符之间，也存在着优先级的问题。Python 的运算符比较多，但其相互之间的优先级的比较还是有一定的规律的。运算符还存在一个结合性问题。如赋值运算是先取等号右边的操作数（表达式的值），然后赋给等号左边的变量。这种"从右往左的运算"称为运算符的左结合性。反之则称为右结合性。表 2-8 列出了优先级从最高到最低的所有运算符。

表 2-8　Python 的运算符的优先级

运算符	描述
**	指数（优先级最高）
~，+，-	按位取反，一元加号和减号（最后两个的方法名为 +@ 和 -@）
*，/，%，//，@	乘，除，取模，取整除，矩阵乘法
+，-	加法减法
>>，<<	右移运算符，左移运算符
&	二进位的按位与运算
^	二进位的按位异或运算
|	二进位的按位或运算
<=，<，>，>=，==，!=	比较运算符
=，%=，/=，//=，-=，+=，*=，**=	赋值运算符
is，is not	身份运算符
in，not in	成员运算符
not，and，or	逻辑运算符

【示例 2.12】用 Python 表达式描述以下实际问题。

1. 数学表达式 3≤x<5

解答：数学表达式 3≤x<5 的含义是，x 大于或等于 3，并且 x 小于 5。所以，用 Python 表达式应该表示成：x >=3 and x<5 或 3<=x<5。

2. 三条线段 x，y，z 构成一个三角形

解答：三条线段 x，y，z 构成一个三角形的条件是，任意两边之和大于第三边或任意两边之差小于第三边。所以，用 Python 表达式应该表示成：x+y>z and z+x>y and y+z>x 或 x-y<z and z-x<y and y-z<x。

3. p 不等于 0

解答：p 不等于 0，可直接用关系表达式 p!=0 来表示。
还可以用 p 来表示。这是因为：

1) 如果 p 不等于 0，就认为 p 的逻辑值为 True，而表达式 p!=0 的值也为 True。所以，当 p 不等于 0 时，表达式 p!=0 的值与表达式 p 的逻辑值相同，都为 True。

2) 如果 p 等于 0，就认为 p 的逻辑值为 False，而表达式 p!=0 的值也为 False。所以，当 p 等于 0 时，表达式 p!=0 的值与表达式 p 的逻辑值相同，都为 False。

综上，p 与 p!=0 作为条件表达式是等价的。

因此，p 不等于 0 可表示成 p!=0 或 p。在程序设计中，经常使用 p 来代替 p!=0。

同理，p 等于 0，可表示为 p==0 或 not p。

4. n 为偶数

解答：n 为偶数，n 被 2 除的余数就一定为 0，所以可用关系表达式 n%2==0 来表示。另外，n 被 2 除的余数为 0，说明 n/2 与 n//2 相等。所以，又可以表示成 n/2==n//2。n%2==0 也可表示为 not n%2。

因此，n 为偶数，可表示为 n%2==0 或 n/2==n//2 或 not n%2。

5. 年份 year 是闰年

解答：闰年的条件是符合下面两个条件之一：

1) 能被 4 整除，但不能被 100 整除。
2) 能被 400 整除。

所以，年份 year 是闰年的表达式为：year%4==0 and year%100!=0 or year%400==0。

【课堂实践 2.1】

用 Python 表达式描述以下实际问题。

1. n 为奇数
2. 字符串 substr 是字符串 str 的子串

2.6 引用

Python 程序往往使用当前程序之外已有的功能代码，这个过程叫"引用"，使用 import 关键字引用当前程序以外的功能库，使用方式如下：import <功能库名称>。

引用功能库之后，采用<功能库名称>.<函数名称>()的方式调用具体功能，带有点(.)的使用方式是面向对象的方式，其中点的左部分是对象名称，点的右部分是属性或方法名称。

```
#调用 turtle 库进行绘图操作
import turtle
turtle.fd(-100)
turtle.right(50)
turtle.circle(100)
```

代码运行结果如图 2-5 所示，可以看出 fd()函数控制画笔向当前行进方向前进指定的距离，right()根据给定的角度使画笔右转（单位默认为度），circle()根据给定的半径绘制弧形。

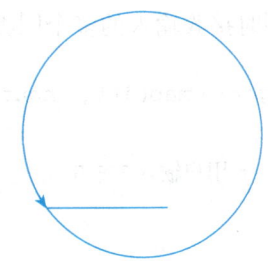

图2-5 Python turtle 库绘图实例效果

2.7 基本输入输出函数

标准输入和输出是指用户根据需要从键盘上输入字符，经过程序编译和运行，将结果输出并显示到屏幕。Python 可以使用内置函数 **input( )** 和 **print( )** 实现标准输入和输出。

1. 标准输入函数 input( )

函数 input( ) 让用户从键盘输入一个字符串，其语法格式为：

variable_name = input（[输入提示字符串]）

其功能是通过标准输入设备（键盘）接收字符串型数据，并返回接收的数据。

说明：

1) 用户所输入的数据为字符串类型，若接收其他类型的数据，必须使用类型转换函数，将所输入的字符串转换为所需类型。

【示例 2.13】使用 int（ ）函数将输入的整数字符串转换为整型数据。

```
>>>Integer = int( input("请输入一个整数:"))
请输入一个整数:18
>>>Integer
18
```

【示例 2.14】使用 float（ ）函数将输入的浮点数字符串转换为浮点型数据。

```
>>>float = float( input("请输入一个实数:"))
请输入一个实数:3.14
>>>float
3.14
```

2) 如果想一次读取多个同类型数据，可以使用内置函数 map( ) 与 input( ) 函数配合来完成。

调用格式：map（function, iterable）。

其中，function 是一个函数，iterable 是一个序列。功能是依次对序列中的每个元素调用函数 function，完成函数 function 的操作，生成一个新的序列。

【示例 2.15】使用 map( )函数同时接收输入的多个同类型数据。

```
>>>Integer1,Integer2,Integer3 = map(int,input("请输入三个整数,用空格分隔:").split())
请输入三个整数,用空格分隔:3 6 5   #用户输入 3 6 5
>>>Integer1
3
>>>Integer2
6
>>>Integer3
5
```

说明：使用 input( ) 接收的是一个字符串，经过方法 split( ) 截取为字符串序列，再经过 map( ) 函数的 int( ) 函数将每个子串转换为整型数据，实现一次输入多个数据；如果一次只需输入一个数据，比如一个整数，可直接写成 Integer = int（input( )）。

2. 标准输出函数 print( )

print( )函数用于输出，其语法格式为：

    print([输出表列[,sep = 分隔符][,end = 结束符]])

功能为向标准输出设备（屏幕）输出数据，数据之间用"分隔符"分隔，最后输出"结束符"。

（1） print( )标准输出

print( )函数可以输出多项内容，各输出项要用逗号分隔。

1）若无可选项或无结束符选项，默认输出一个空行。

2）输出表列由多个输出项组成，输出项之间用逗号分隔，每个输出项都有确定值的表达式。

【示例 2.16】输出多项内容。

```
>>>Integer =3
>>>print( Integer +2,"Python",8 )
5 Python 8
```

3）分隔符默认为一个空格符。

【示例 2.17】输出项使用逗号","作分隔符。

```
>>>Integer =3
>>>print( Integer +2,"Python",8,sep = "," )
5,Python,8    #输出项之间用","分隔
```

4）结束符默认为回车换行符。

【示例 2.18】使用"@"作结束符。

```
>>>Integer =3
>>>print( Integer +2,"Python", 8, end ="@ " )
5 Python 8@    #输出结尾符号为@
```

(2) 格式化点位符(%-formating)输出

调用格式：print(格式化字符串%(输出表列))。

功能：向标准输出设备(屏幕)按格式化字符串规定的格式输出数据。

说明：

1) 格式化字符串是用单引号或双引号括起来的字符串，它包括格式说明和文本文字两部分。

【示例 2.19】使用"%"格式化点位符。

```
>>>One =3
>>>print("One =% d" % ( One ) )
One =3
```

其中，"One =% d"是格式化字符串，"% d"是格式说明，"One ="是文本文字。

2) 输出表列由输出项组成，两个输出项之间用逗号分隔，输出项可以是常量、变量、表达式等，输出项的个数必须与格式说明的个数相同。

3) 文本文字按原样输出。

4) 格式说明以"%"开头，后跟修饰符及格式字符，格式说明与输出表列输出项的个数必须一致，即一个输出项对应一个格式说明。格式说明的作用是使对应的输出项按格式说明指定的格式输出。

5) print()函数的格式字符及含义见表2-9。

表2-9 print()函数的格式字符及含义

格式字符	含义	示例	输出结果
d/i	以带符号的十进制形式输出整数(正数不输出符号)	print("One =%i,Two =% d" % (3,-2))	One =3,Two = -2
o	以八进制形式输出整数	print("One =%o,Two =%o"% (13,-27))	One =15,Two = -33
x/X	以十六进制形式输出整数，用 x/X 对应数码 a~f 小/大写	print("One =%x,Two =%X" % (13,-27))	One =d,Two = -1B
c	输出整数对应的 Unicode 字符	print("%c" % 65)	A
s	输出字符串	print("%s" % 'Python')	Python
f/F	以小数形式输出浮点数，默认6位小数	print("%F\n%f" %(3.14159, 3.14159e02))	3.141590 314.159000

(续)

格式字符	含义	示例	输出结果
e/E	以指数形式输出浮点数，用 e/E 时，对应指数用 e/E	print("%e\n%E" %(3.14159, 3.14159e02))	3.141590e +00 3.141590E +02
g/G	选用%f 和%e 格式中输出宽度较短的一种格式，不输出无意义的 0；用 g/G 时，对应指数用 e/E	print("%g,%G" %(3.14159, 3.14159e02))	3.14159,314.159
%	输出%	print("%d%%" %(75))	75%

6）修饰符及含义：修饰符在使用时应加在格式字符和%之间。print( )函数的修饰字符及含义见表 2-10。

表 2-10　print( )函数的修饰字符及含义

格式字符	含义	示例	输出结果
m （正整数）	指定输出项所占的字符数（域宽），一个汉字占一个字符，当实际域宽超过规定域宽时，按实际域宽输出	print("One =%4d" %(-2)) print("str =%11s" %('我学 Python')) print("str =%6s" %('我学 Python'))	One = -2 str =我学 Python str =我学 Python
.n （正整数）	指定输出的实型数据的小数位数，默认小数位数为 6	print("One =%7.3f" %(3.14159))	One =3.142
0（数字）	指定数字前的空格用 0 填补	print("One =%07.3f" %(3.14159))	One =003.142
- 或 +	指定输出项的对齐方式，-表示左对齐，+表示右对齐	print("One =% -4d,Two =% +4d" % (3,-2))	One =3,Two = -2

【示例 2.20】求矩形的面积。

求矩形面积的 Python 程序代码如下：

```
Length, Wide = map(int,input \   # \为续行符
("请输入矩形长和宽(整数),用空格分隔:").split())   # 数据输入
Area = Length * Wide   # 数据处理
print("矩形的面积为:% d" % Area )   # 数据输出
```

程序中，第 1 行至第 2 行通过调用函数 map( )、input( )实现一次输入两个数据，并将用户输入的数据分别赋给变量 Length 和 Wide，第 3 行用来计算矩形的面积，并赋给变量 Area，第 4 行用来输出程序的计算结果。

【示例 2.21】求两个整数的和。

求两个整数和的 Python 程序代码如下：

```
Integer1 = int( input("请输入一个整数:" ))   # 数据输入
Integer2 = int( input("请输入另一个整数:" ))   # 数据输入
Sum2 = Integer1 + Integer2   #数据处理
print("% d +% d =% d" %( Integer1,Integer2,Sum2))   #数据输出
```

程序中，第1行和第2行为数据输入，通过 input( ) 函数实现数据输入，并将用户输入的数据分别赋给变量 Integer1 和 Integer2，input( ) 函数中的字符串" 请输入一个整数:" 和" 请输入另一个整数:" 为输入提示，第3行为数据处理，用来计算用户输入的两个整数的和，并赋给变量 Sum2，第4行为数据输出，通过 print( ) 函数实现数据输出，用来输出程序的计算结果。

2.8 实例解析：绘制五角星

（1）问题描述

turtle 库作为 Python 的标准绘图库，用于基本的绘图，与此同时也提供了强大的绘图功能。让我们绘制一个五角星来体会 turtle 的绘图魅力。

（2）问题分析解决

在画布上，默认有一个坐标原点为画布中心的坐标轴，坐标原点上有一只面朝 x 轴正方向的海龟；turtle 绘图中，就是使用位置方向描述海龟（画笔）的状态。fd（distance）和 bk（distance）分别表示以当前海龟方向前进或后退 distance 像素的距离；lt（angle）和 rt（angle）则代表以海龟行进时向左或向右改变 angle 角度的方向。

```
#DrawStar.py
import turtle            #导入 turtle 库包
for i in range(5):       #控制绘制次数
    fd(300)              #行进 300 个像素点距离
    rt(144)              #向右转 144 度
done()                   #停止画笔绘制
```

代码运行结果如图 2-6 所示，可以看出画笔（即海龟）可通过一组函数来控制，函数 fd( ) 和 rt( ) 配合使用改变海龟行进的距离和方向。

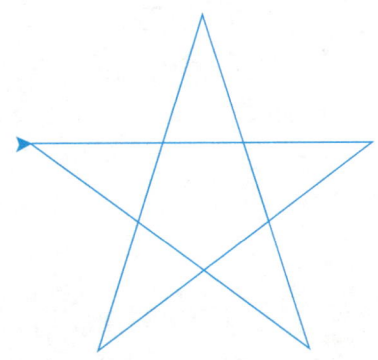

图 2-6　Python 五角星绘图实例效果

习题2

一、选择题

1. 下列表达式中，值为 True 的是（　　）。
   A. 5+4j > 2+3j
   B. 3>2>2
   C. 'abc'>'xyz'
   D. 1<2<3

2. 下列判断字符型变量 c1 是否为小写字母的表达式中，不正确的是（　　）。
   A. 'a'<=c1<='z'
   B. c1>='a' and c1<='z'
   C. c1>='a' or c1<='z'
   D. （c1>='a'）and（c1<='z'）

3. 如果 a=2，则表达式 not a<1 的值为（　　）。
   A. 2
   B. 0
   C. False
   D. True

4. 表达式 1 is 1 and 2 is not 3 的值为（　　）。
   A. 2
   B. 3
   C. False
   D. True

5. 表达式 'ab' in 'acbed' 的值为（　　）。
   A. 0
   B. 1
   C. False
   D. True

二、知识填空题

1. 表达式 'y'<'x'==False 的结果是_____。
2. 表达式 1>0 and 5 的值为_____。
3. 表达式 5>3 or 8<=（a==10）的结果是_____。
4. 表达式 3<5>2 的值为_____。
5. 表达式 1 or 2 和 1 and 2 的输出分别是_____、_____。

第 3 章
Python 基本数据类型

Python 中常用的数据类型主要分为两类，一类为数字（Numeric）类型，另一类为组合类型，如图 3-1 所示。

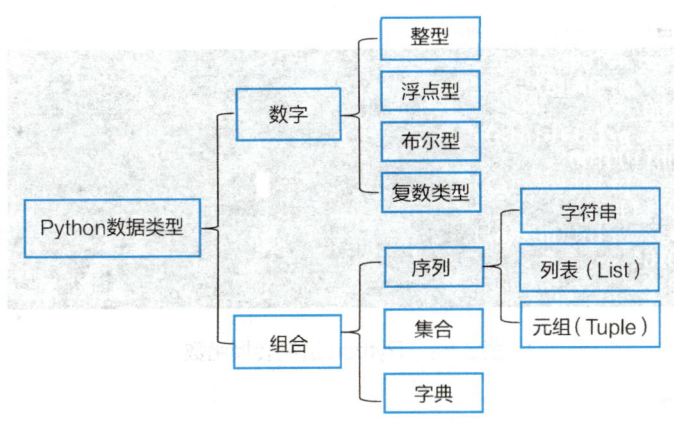

图 3-1　Python 数据类型

因为学生属性有姓名、学号、性别、年龄、家庭地址等，当 Python 要存储一个学生信息时，姓名、学号、家庭地址等属性可用字符串类型存储，年龄可用数字类型存储，性别既可用字符串类型存储也可用布尔类型存储。当需要把一个学生的全部信息作为整体存储，就需要用到列表、元组、字典等高级数据类型，而要存储若干个学生信息，则需要用到集合数据类型。本章将重点讨论数字类型及字符串类型，其他数据类型将在后续的章节中详细展开。

3.1　数字类型

Python 能直接处理的数字类型有整数（Int）、浮点数（Float）、复数（Complex）和布尔（Bool）4 类。

1. 整数类型

在 Python 里，只有一种整数类型，用来表示整数数值，可以是正整数、负整数或者 0，其取值范围是 [-∞，+∞]，但实际上由于机器内存的限制，使用的整数不可能是无限大。

Python 默认用十进制表示整数，还可以用二进制、八进制和十六进制来表示整数。

1）十进制（Decimal）整数：最常用的进制形式，用 0~9 共 10 个数码表示，基数为 10，逢十进一，在程序中十进制的表示方法和数学上的写法完全一样，如：1、100、-8080、0 等。

2）二进制（Bigit）整数：用 0 和 1 两个数码表示，基数为 2，逢二进一，并且以 "0b" 或者 "0B" 开头，如 0b1010（十进制数 10）、0B10100101（十进制数 165）。

3）八进制（Octal）整数：用 0~7 共 8 个数码表示，基数为 8，逢八进一，并且以 "0o" 或者 "0O" 开头，如 0o123（十进制数 83）、-0O10101（十进制数 -4161）。

4）十六进制（Hexadecimal）整数：用 0~9 以及 A/a、B/b、C/c、D/d、E/e、F/f 共 16 个数码表示，基数为 16，逢十六进一，并且以 "0x" 或者 "0X" 开头，如 0x123（十进制数 291）、0X1Fa（十进制数 506）。

在 Python 中，二进制、八进制、十六进制、十进制的互相转换，可以利用内置函数 bin、oct、hex 和 int 来实现，如图 3-2 所示。

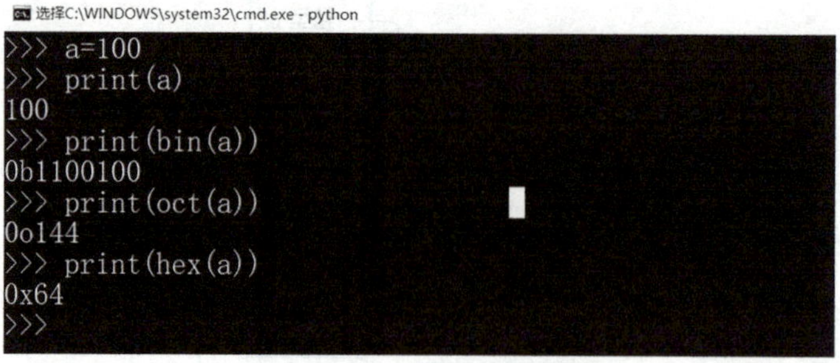

图 3-2　Python 进制转换函数

2. 浮点数类型

浮点数是指带有小数的数值，例如 1.23、3.14、-9.01 等。浮点数类型有两种表示形式：小数表示法和指数表示法。用指数表示法表示小数时，指数 e/E 的前面必须有数值，后面必须是整数，否则会出现异常，如图 3-3 所示。

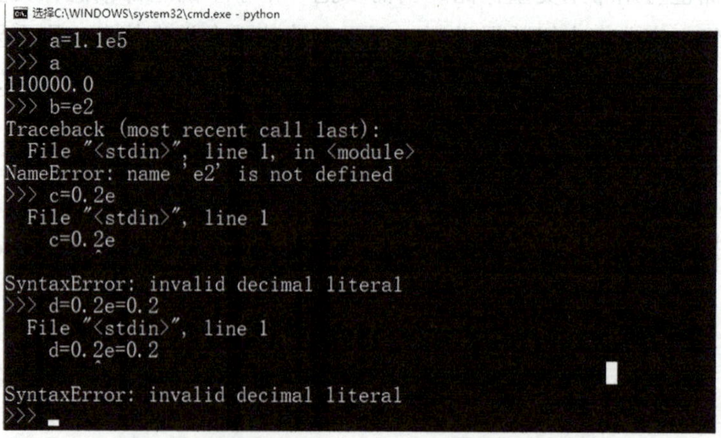

图 3-3　使用指数表示法表示小数时出现的异常

3. 复数类型

Python 中的复数类型与数学中的复数概念一致,都由实部和虚部组成,使用 j 或者 J 表示虚数单位,其表示形式可以用 a+bj(带有非零实部的复数记为 real+imag j),或者用函数 complex(a,b)表示,复数的实部 a 和虚部 b 都是浮点型。

【示例 3.1】变量 a 利用 complex()函数得到复数 2+4j,变量 b 直接赋值为复数 3-5j,并分别查看相应 a 和 b 的值。

Python 的复数类型操作如图 3-4 所示,通过变量 a 调用其 real 和 imag 分别显示实部与虚部值,利用 conjugate()函数获取其共轭复数。

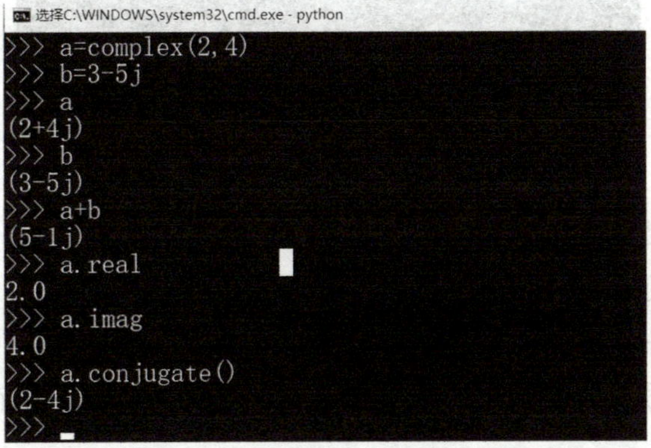

图 3-4 Python 的复数类型操作

4. 布尔类型

布尔类型表示逻辑值真(True)和假(False),在数学运算中对应 1 和 0。0、空字符串、空列表、空元组或者空字典等,对应的布尔值都是 False。

【示例 3.2】输出学生信息。

```
sno,sage,sex = 10001,20,True     #多个变量赋值
print("学生信息")
print("学号:" + str(sno))         #函数 str()表示将其他类型转换为字符串类型
print("年龄:" + str(sage))
if sex = = True:                  #选择结构
    print("性别:男")
else:
    print("性别:女")
```

运行结果:

```
学生信息
学号:10001
年龄:20
性别:男
```

其中 str( ) 函数的功能是将参数类型转换为字符串类型，if 语句用于进行条件选择。

3.2 字符串类型

Python 中的字符串是以单引号（'）、双引号（"）或者三引号（'''）括起来的任意文本，这 3 种形式只是表示形式上的差别，在语义上是等价的，如图 3-5 所示。

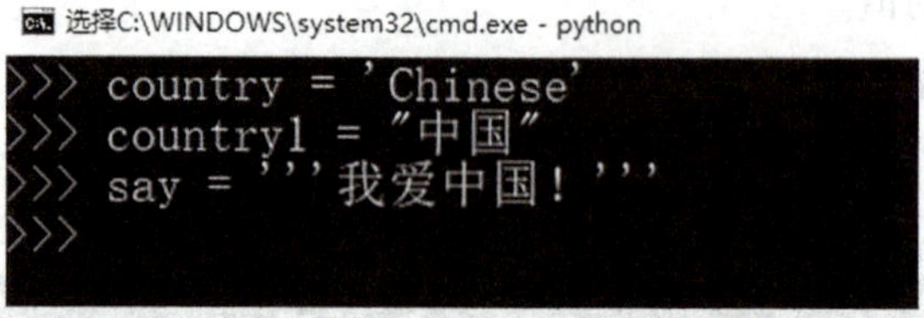

```
选择C:\WINDOWS\system32\cmd.exe - python
>>> country = 'Chinese'
>>> country1 = "中国"
>>> say = '''我爱中国！'''
>>>
```

图 3-5 字符串的 3 种表示形式

说明：

1）字符串开始和结束的定界符必须一致。

2）字符串定界符可以嵌套。例如：

'Bruce Eckel said " Life is short, you need Python"！'

3）单引号、双引号内的字符串通常写在一行，如有多行连续字符，则可以使用三引号定界符。

4）如果字符串内部既包含'又包含"，可以用转义字符\来标识，比如：

'I\'m\ "OK\ "！'

表示的字符串内容是：

I'm "OK"！

转义字符是以一个字符"\"开头的字符序列，将反斜杠"\"后面的字符转成另外的意义。比如"\n"中的 n 不代表字母 n 而表示换行，"\t"表示制表符。Python 支持的转义字符见表 3-1。

表 3-1 Python 支持的转义字符

转义字符	表示含义
\(在一行的末尾时)	续行符
\\	反斜杠符号
\'	单引号
\"	双引号
\a	响铃
\b	退格（〈Backspace〉）
\e	转义
\000	空
\n	换行

(续)

转义字符	表示含义
\v	纵向制表符
\t	横向制表符
\r	回车
\f	换页
\0yy	八进制数 yy 代表的字符，例如：\012 代表换行
\xyy	十六进制数 yy 代表的字符，例如：\x0a 代表换行
\other	其他的字符以普通格式输出

【示例 3.3】转义字符示例。

```
print('I\'m ok.')
print('I\'m learning \nPython.')
print('\\\n\'')
```

运行结果：

```
I'm ok.
I'm learning
Python.
\
\
```

1. 字符串的索引（index）

字符串是字符的有序集合，可以通过其位置获得相应的元素值。在 Python 中字符串的字符是通过索引获取的，语法格式为 string［index］。

说明：

1）索引即下标，是一个整型数据。

2）索引可从左向右（正向索引），取值范围为 0 ~ len（string_name） - 1，也可从右向左（反向索引），取值范围为 - 1 ~ - len(string_name)。其中内置函数 len()用于计算字符串的长度，如图 3-6 所示。

```
字符串： P    y    t    h    o    n
索  引： 0    1    2    3    4    5
负索引：-6   -5   -4   -3   -2   -1
```

图 3-6　字符串索引

3）通过索引来引用序列中的元素时，索引标号必须用方括号括起来。

【示例3.4】正向索引和反向索引示例。

```
s ='Hello World!'
print("字符串\"" + s + "\"的长度为:" + str(len(s)))
print("第 0 个元素:" + s[0])
print("第 2 个元素:" + s[2])
print("最后一个元素:" + s[-1])
print("倒数第二个元素:" + s[-2])
print("倒数第五个元素:" + s[-5])
```

运行结果：

```
字符串"Hello World!"的长度为:12
第 0 个元素:H
第 2 个元素:l
最后一个元素:!
倒数第二个元素:d
倒数第五个元素:o
```

2. 切片（slice）

切片用于取出操作对象（字符串、列表、元组等）的一部分，语法格式为：string[start_index:end_index:step]。

说明：

1) step 默认值为1。

2) step 的值可以为正或负，正负号决定了切片方向，当 step >0 时，切取从左向右，为正向切片；当 step <0 时，切取方向从右向左，为反向切片。step 的绝对值大小决定了切取字符的"步长"，且 step 不能等于0，否则引起编译器报错。

3) start_index 表示起始索引（包含该索引本身）。该参数取默认值时表示从对象"端点"开始取值，至于是"起点"还是"终点"取决于切取方向。

4) end_index 表示终止索引（不包含该索引本身）。该参数取默认值时表示一直切取到对象的"端点"。

【示例3.5】正向切片和反向切片示例。

```
s = "人生苦短,我用Python"
print("字符串\"" + s + "\"的长度为:" + str(len(s)))
print(s[1:10:2])  #正向切片且 step =2
print(s[1:10])    #正向切片且第三个参数取默认值,即 step =1
print(s[:])       #正向切片且三个参数均为默认值,即 start_index =0, #end_index = len(s)
                  -1, step =1
print(s[:5])      #正向切片且第一个、第三个参数为默认值,即 start_index =0,
                  #step =1
```

运行结果：

字符串"人生苦短，我用 Python"的长度为：13
生短我 Pt
生苦短，我用 Pyt
人生苦短，我用 Python
人生苦短，

3. 字符串运算

表 3-2 列出了 Python 常用的字符串操作符，以下结合实例说明字符串操作符的用法。

表 3-2 Python 常用的字符串操作符

操作符	描述
+	字符串连接
*	重复原始字符串
[ ]	通过索引获取字符串中的单个字符
[:]	截取字符串中的字符
in	成员关系操作符，如果字符串中包含给定字符，则返回 True，否则返回 False
not in	成员关系操作符，如果字符串中不包含给定字符，则返回 True，否则返回 False
r/R	原始字符串，转义字符不起作用。原始字符串除在字符串首个引号前加上字母"r"外，与普通字符串有几乎完全相同的语法

【示例 3.6】字符串操作符的应用。

```
>>>a = "Hello"
>>>b = "World!"
>>>a +''+ b                     #连接操作符(+)
'Hello World!'
>>>print("字符串 a 的长度为:" + str(len(a)))
字符串 a 的长度为：5
>>>a = "Hello" *3               #成员关系操作符(in、not in)
HelloHelloHello
>>>'H' in a
True
>>>'H' not in a
False
>>>print(r'\n \bdf \t \n)       #有原始字符串操作符 r，原样输出
\n \bdf \t \n
>>>print('d \tf \ng')           #无原始字符串操作符 r 或 R，转义字符起作用
d    f
g
```

【示例 3.7】 检测回文。

回文是指正读与反读一样的字符串，比如 abcdedcba，编写程序检测用户输入的字符串是否是回文。

算法思路：同时从前向后和从后向前扫描字符串，比较对应位置的字符是否相同，如果有不同的则不是回文，如果所有都相同则是回文。

设置一个标志变量 Flag，初值为 True 用来表示是否是回文，Start 初值为 0 是字符串的正向索引，用来从前向后扫码字符串，End 初值为字符串长度，-1 是字符串的反向索引，用来从后向前扫码字符串。

扫描时，如果对应字符不同，将标志变量 Flag 置为 False 并结束扫描；如果对应字符相同继续扫码，直到 Start > End。

程序代码：

```
Palindrome = input("请输入一个字符串:")
Flag = True
Start = 0
End = len(Palindrome) - 1
while Start <= End:
    if Palindrome[Start] != Palindrome[End]:
        Flag = False
        break
    Start += 1
    End -= 1
if Flag:
    print(Palindrome,"是回文!")
else:
    print(Palindrome,"不是回文!")
```

3.3 实例解析：恺撒密码

(1) 问题描述

恺撒密码是古罗马恺撒大帝用来对军事情报进行加解密的算法，它将信息中的每一个英文字符循环替换为字母表序列中该字符后面的第 3 个字符，即循环右移 3 位，字母表的对应关系如下：

原文：A B C D E F G H I J K L M N O P Q R S T U V W X Y Z
密文：D E F G H I J K L M N O P Q R S T U V W X Y Z A B C

对于原文字符 P，其密文字符 C 满足如下条件：$C = (P + 3) \mod 26$。
解密方法反之，即：$P = (C - 3) \mod 26$。

(2) 问题分析解决

首先，加密算法程序接收用户输入的文本，然后对字母 a~z、A~Z 按照加密算法进行转换,同时输出。其他非英文字母则不进行转换而直接输出。

根据问题描述和算法设计,编写如下恺撒密码加密的 Python 程序代码:

```
#CaesarEncryption.py
#程序输入
s = input("请输入明文文本:")
t = ''
for c in s:
    if 'a' <= c <= 'z':
        t += chr(ord('a') + ((ord(c) - ord('a')) + 3) % 26)
    elif 'A' <= c <= 'Z':
        t += chr(ord('A') + ((ord(c) - ord('A')) + 3) % 26)
    else:
        t += c        #实现两个字符相加
print(t)
```

在该代码中,最外层的 chr() 是 python 类型转换函数,使得输出为字符;ord(c) - ord('a') 的作用是计算输入字符和字符 "a" 之间的距离,比如输入 i,z 到 a 的距离是 8,后面又加上了 3,则是在原来的距离基础之上进 3 位,目的是想输出 l,但是现在只是单纯地在距离上加了 11,a 的 ASCII 值不是 0,所以前面还要加上 ord('a');最后还有一个 "%26",这是一个取模运算,目的是用来处理输入为 x、y、z 时的情况,比如,输入 z 时,z 距离 a 为 25,加 3 后为 28,28%26 得到 2,而 2 对应的正好是 c。

将上述程序保存为文件 CaesarEncryption.py,在 PyCharm 集成开发环境中运行该程序。输入明文文本,程序运行结果如下:

请输入明文文本:Beautiful is better than ugly.
Ehdxwlixo lv ehwwhu wkdq xjob.

恺撒解密算法程序首先接收用户输入的加密文本,然后对字母 a~z、A~Z 按照解密算法进行反向转换,同时输出。其他非英文字母则不进行转换而直接输出。

```
#CaesarDecryption.py
#程序输入
s = input("请输入加密后文本:")
t = ''
for p in s:
    if 'a' <= p <= 'z':
        t += chr(ord('a') + ((ord(p) - ord('a')) - 3) % 26)
    elif 'A' <= p <= 'Z':
        t += chr(ord('A') + ((ord(p) - ord('A')) - 3) % 26)
    else:
        t += p        #实现两个字符相加
print(t)
```

将上述程序保存为文件CaesarDecryption.py，在PyCharm集成开发环境中运行该程序。输入明文文本，程序运行结果如下：

> 请输入加密后文本：Ehdxwlixo lv ehwwhu wkdq xjob.
> Beautiful is better than ugly.

习题3

一、单项选择题

1. 下面关于整数的表示中，是合法十六进制整数的是（   ）。
   A. 0x37　　　　B. b3　　　　C. 0b3　　　　D. 0xg3
2. 下面关于浮点数的表示中，是合法指数形式浮点数的是（   ）。
   A. 3.14　　　　B. 31.4*e-1　　　　C. $31.4*10^{-1}$　　　　D. 31.4e-1
3. 以下关于Python字符串的描述中，错误的是（   ）。
   A. 字符串是字符的序列，可以按照单个字符或者字符片段进行索引
   B. 字符串包括两种序号体系：正索引和负索引
   C. Python字符串提供区间访问方式，采用[N：M]格式，表示字符串中从N到M的索引子字符串（包含N和M）
   D. 字符串是用一对双引号" "或者单引号' '括起来的零个或者多个字符
4. 关于Python字符串，以下选项中描述错误的是（   ）。
   A. 可以使用datatype()测试字符串的类型
   B. 输出带有撇号的字符串，可以使用转义字符\
   C. 字符串是一个字符序列，字符串中的编号叫索引
   D. 字符串可以保存在变量中，也可以单独存在
5. 给定字符串s="I love Python"，以下程序的输出结果是（   ）。

   ```
   s = "I love Python"
   ls = s.split()
   ls.reverse()
   print(ls)
   ```

   A. 'Python', 'love', 'I'　　　　B. Python love I
   C. None　　　　D. ['Python', 'love', 'I']
6. 以下关于字符串类型的操作的描述，错误的是（   ）。
   A. str.replace(x, y)方法把字符串str中所有的x子串都替换成y
   B. 想把一个字符串str所有的字符都大写，用str.upper()
   C. 想获取字符串str的长度，用字符串处理函数str.len()
   D. 设x='aa'，则执行x*3的结果是'aaaaaa'

7. 设 str = 'python'，想把字符串的第一个字母大写，其他字母还是小写，正确的选项是（　　）。
   A. print(str[0].upper() + str[1:])
   B. print(str[1].upper() + str[-1:1])
   C. print(str[0].upper() + str[1:-1])
   D. print(str[1].upper() + str[2:])

二、知识填空题

1. str = " Python 语言程序设计"，表达式 str.isnumeric() 的结果是_____；表达式 'Hello' > 'hello' 的结果是_____。
2. 同时去掉字符串左边和右边空格的函数是_____。
3. 字符串 TempStr = "Hello World"，若要输出 "World" 子串，则使用语句_____实现。

三、程序阅读题

1. 以下程序的输出结果是_____。

```
for i in range(3):
    for s in "abcd":
        if s == "c":
            break
        print(s,end="")
```

2. 以下程序的输出结果是_____。

```
for s in "abc":
    for i in range(3):
        print(s,end="")
        if s == "c":
            break
```

四、程序设计题

1. 获得用户输入的一个整数，输出该整数百位及以上的数字。
2. 假设有一段英文，其中有单独的字母 "I" 误写为 "i"，请编写程序进行纠正。
3. 编写程序，计算字符串中子串出现的次数。
4. 请输入星期几的首字母，用来判断是星期几，如果首字母一样，则继续判断第 2 个字母，以此类推。

第 4 章 Python 程序控制结构

本章主要介绍 Python 程序的控制结构，包括顺序结构、分支结构和循环结构。

4.1 程序的三种控制结构

1. 程序流程图

描述一个计算问题的程序过程有多种方式，如 IPO 图、流程图、伪代码或程序代码。程序流程图由一系列图形、流程线和文字说明描述程序的基本操作和控制流程，是程序分析和过程描述的最基本方式。流程图的基本元素包括 8 种，见表 4-1。

表 4-1 程序流程图的 8 种基本元素

元素	名称	定义
	开始或结束	表示流程图的开始或者结束
	流程	即操作处理，表示具体某一个步骤或者操作
	判定	表示方案名或者条件标准
	文档	表示输入或者输出的文件
	子流程	即已定义流程，表示决定下一个步骤的一个子进程
	数据库	即归档，表示文件和档案的存储
	注释	表示对已有元素的注释说明
	页面内引用	即连接，表示流程图之间的接口

2. 程序控制结构基础

程序由三种控制结构组成：顺序结构、分支结构和循环结构。任何程序都由这 3 种结构组合而成，利用这三种结构可以解决任何复杂的实际问题。为直观展示程序结构，这里采用流程图方式描述。

顺序结构是程序按照线性顺序依次执行的一种运行方式。顺序结构流程图如图 4-1 所示，其中语句块 A 和语句块 B 表示一个或一组顺序执行的语句。

分支结构是程序根据条件判断结果而选择不同向前执行路径的一种运行方式，包括单分支结构和二分支结构，分别如图 4-2a 和图 4-2b 所示。

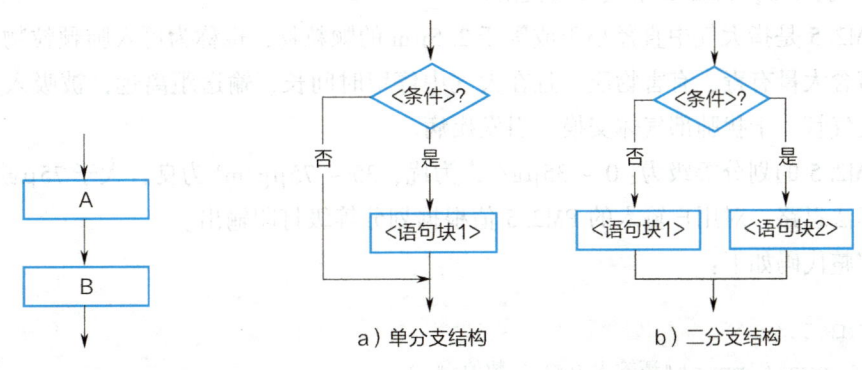

图 4-1　顺序结构流程图　　　图 4-2　分支结构流程图

循环结构是程序根据条件判断结果向后反复执行的一种运行方式。根据循环体触发条件不同，区分为如图 4-3a 所示的条件循环和图 4-3b 所示的遍历循环结构。

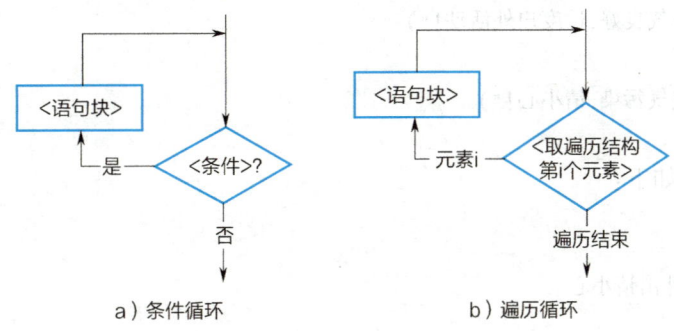

图 4-3　循环结构流程图

4.2　程序的分支结构

分支结构包括：单分支结构 if 语句、二分支结构 if…else…语句和多分支结构 if…elif…else…语句三种。

1. 单分支结构：if

单分支结构指只有一个分支，使用 if 保留字对条件进行判断，使用方式如下：

　　　　　　　　　　if　＜条件＞：
　　　　　　　　　　　　＜语句块＞

if 后的<条件>是一个结果为 True 或 False 的语句,当结果为 True 时,执行<语句块>,否则跳过<语句块>。<条件>通常是关系表达式或逻辑表达式,可以用一对圆括号括起来,也可以不括,条件表达式后的冒号必须写;语句块可以含一条语句,也可以含多条语句,语句块必须缩进,语句块中每条语句必须缩进相同的空格数。

其执行过程为先计算条件表达式,如果条件表达式的值为 True,则执行语句块中的语句,否则执行 if 语句的后继语句,流程图如图 4-4 所示。

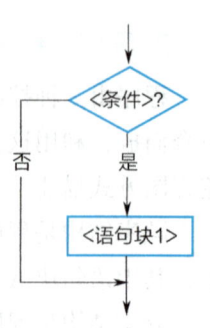

图 4-4 if 语句流程图

【示例 4.1】PM2.5 空气质量提醒。

PM2.5 是指大气中直径小于或等于 2.5μm 的颗粒物,也称为可入肺颗粒物。PM2.5 粒径小,富含大量有毒、有害物质,且在大气中停留时间长、输送距离远,被吸入人体后会直接进入支气管,干扰肺部气体交换,引发疾病。

PM2.5 的划分等级为:$0 \sim 35 \mu g/m^3$ 为优,$35 \sim 75 \mu g/m^3$ 为良,大于 $75 \mu g/m^3$ 为污染。

算法思路:对用户输入的 PM2.5 值根据划分等级打印输出。

完整代码如下:

```
#PM2.5.py
PM = eval(input("请输入 PM2.5 数值:"))
if 0 <= PM < 35:
    print("空气优质,尽享户外运动!")
if 35 <= PM < 75:
    print("空气良好,适度户外活动!")
if 75 <= PM:
    print("空气污染,请小心!")
```

程序运行结果如下:

```
请输入整数:80
空气存在污染,外出请小心
```

2. 二分支结构:if…else…语句

二分支语法结构如下:

```
if <条件>:
    <语句块 1>
else:
    <语句块 2>
```

语句块 1 是在 if 条件满足后执行的一个或多个语句序列,语句块 2 是 if 条件不满足后执行的语句序列。else 必须与 if 配对使用,不能单独使用。

其执行过程为先计算条件表达式,如果条件表达式的值为 True,则执行语句块 1 中的语句，接着执行该结构的后继语句，否则执行语句块 2 中的语句，流程图如图 4-5 所示。

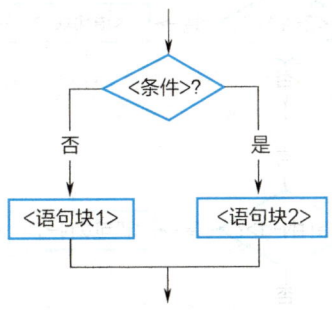

图 4-5　if…else…语句流程图

说明：语句块 1 和语句块 2 只能执行其中的一个。

【示例 4.2】示例 4.1 的二分支结构代码如下：

```
#PM2.5.py
PM = eval(input("请输入整数:"))
if PM > =75:
    print("空气存在污染,外出请小心")
else:
    print("空气没有污染,可以进行户外运动")
```

程序运行结果如下：

```
请输入整数:80
空气存在污染,外出请小心
```

3. 多分支结构：if…elif…else…语句

多分支语法结构如下：

```
if   <条件1>:
    <语句块1>
elif  <条件2>:
    <语句块2>
…
else:
    <语句块N>
```

多分支结构是二分支结构的扩展。其执行过程为：先计算<条件 1>，如果值为 True，则执行<语句块 1>，接着执行该结构的后继语句，否则计算<条件 2>，如果<条件 2>的值为 True，执行<语句块 2>，接着执行该结构的后继语句，如果前面 N-1 个<条件>的值均为 False，则执行<语句块 N>，流程图如图 4-6 所示。

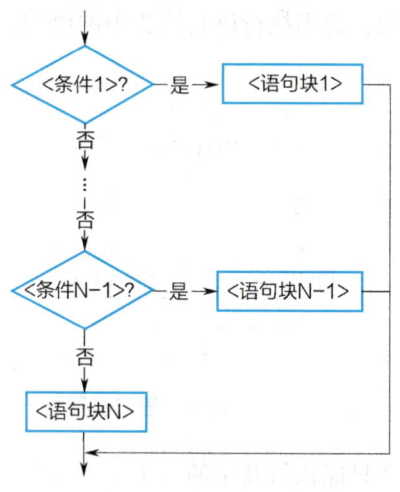

图 4-6 if…elif…else…语句流程图

说明：语句块 1、语句块 2、……、语句块 N 只能执行其中的一个。

【示例 4.3】 示例 4.1 的多分支结构代码如下：

```
#PM2.5.py
PM = eval(input("请输入 PM2.5 数值:"))
if 0 <= PM < 35:
    print("空气优质,尽享户外运动!")
elif 35 <= PM < 75:
    print("空气良好,适度户外活动!")
else:
    print("空气污染,请小心!")
```

【课堂实践 4.1】
编写程序，判断用户输入的字符是数字、字母、空格还是其他字符。

4.3 程序的循环结构

Python 语言的循环结构包括 while 循环和 for 循环两种。while 循环是一种条件控制循环，通过判断条件的真和假来控制；for 循环是一种遍历控制循环，通过遍历的当前情况来控制循环。

1. while 循环

while 循环也称为无限循环，是由条件控制的循环运行方式，一般用于循环次数难以提前确定的情况。while 循环的语法格式为：

while 条件表达式：
循环体

其执行过程为：先计算条件表达式，如果值为 True，则执行循环体，然后重复计算条件表达式和执行循环体,只有当条件表达式的值为 False 时,才不执行循环体而去执行该结构的后继语句,while 语句的流程图如图 4-7 所示。

【示例 4.4】输出正整数位数。

算法思路:一个正整数被 10 整除后所得商的位数比原数少 1,连续被 10 整除最终的商数 Quotient 一定为 0。设置一个变量 i,其初值为 0,在正整数连续被 10 整除的过程中,每次都执行 i = i + 1 的操作,当所得商数为 0 时,变量 i 中存放的便是该正整数的位数。流程图如图 4-8 所示。

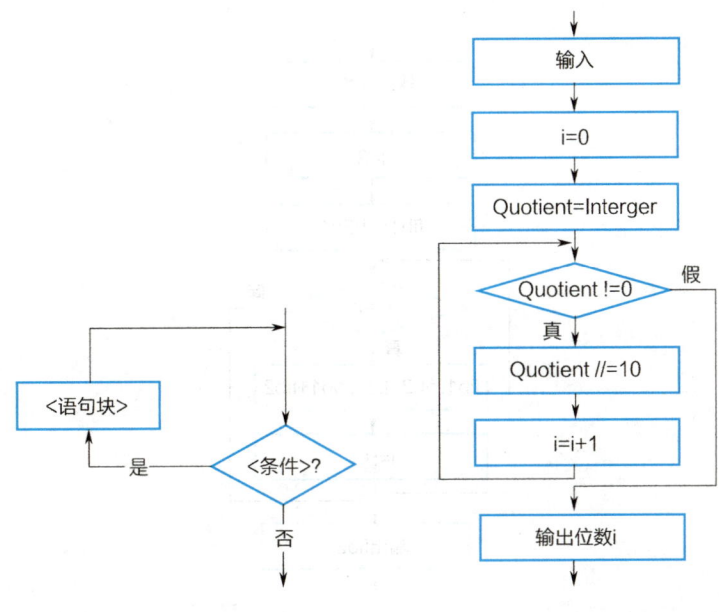

图 4-7　while 语句流程图　　图 4-8　示例 4.4 流程图

程序代码:

```
Integer = int( input( "请输入一个正整数:" ) )
i = 0    #计数器,初值为 0
Quotient = Integer   # Quotient 用来表示商数
while Quotient:    #条件 Quotient 等价于 Quotient! = 0
    Quotient //= 10    #得到新的商数
    i = i + 1    #计数器加 1
print(f"正整数 {Integer} 是一个 {i} 位数" )
```

在使用程序设计语言编写程序解决实际问题时,如果需要统计某类事物的个数,可以使用一个变量来表示,用来表示某类事物个数的变量称为计数器,在上面的程序中,i 为计数器。

计数器的初始值通常为 0,可根据实际问题来确定。

计数器在使用时,应将计数器的操作 i = i + 1 放在循环体中,循环操作结束后计数器中存放的值就是某类事物的个数。

【示例4.5】 求Fibonacci数列的第n项。

求斐波那契（Fibonacci）数列1，1，2，3，5，8，13，21，…的第n项，项数n由用户通过键盘输入。

算法思路：对Fibonacci数列进行分析可以得到如下规律：数列的前两项为1，从第3项开始，每一项都是前两项的和。分别用fib1和fib2来表示数列的前两项，初值均为1，设置一个计数器i，初值为3，当i≤n时，为求得下一项，将fib2作为新的fib1，fib1+fib2作为新的fib2，并将计数器i做加1操作，当i=n操作结束，fib2就是所求的第n项。算法流程图如图4-9所示。

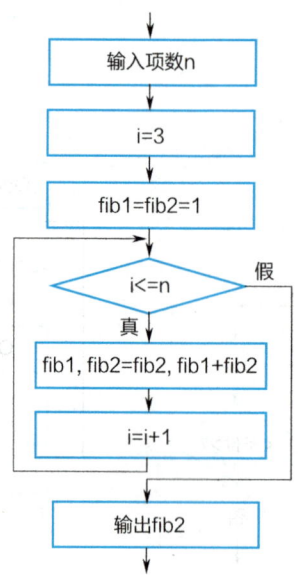

图4-9 示例4.5流程图

程序代码：

```
n = int( input( "请输入项数:" ) )
i = 3   #计数器
fib1 = fib2 = 1
while i <= n:
    fib1,fib2 = fib2,fib1 + fib2
    i = i + 1
print(f"第{n}项为:{fib2}")
```

【课堂实践4.2】

计算数列1/2，2/3，3/5，5/8，8/13，…前n项的和，n由用户通过键盘输入。

2. for 循环

Python通过保留字for实现"遍历循环"，基本使用方法如下：

for <循环变量> in <遍历序列>：
　　<语句块>

循环变量用于遍历序列，in 用来指明在哪遍历，遍历序列可以是字符串、列表、元组、集合等，语句块称为循环体，是需要进行重复操作的语句序列。

for 语句的循环执行次数是根据遍历结构中元素个数确定的，遍历循环可以理解为从遍历结构中逐一提取元素放在循环变量中，对于所提取的每个元素执行一次语句块。

其执行过程为：先判断遍历序列中是否有未遍历的元素，若有，将遍历序列中第 1 个未遍历元素的值赋给循环变量，然后执行语句块，再判断遍历序列中是否有未遍历的元素；若无，执行该结构的后继语句。for 语句的流程图如图 4-10 所示。

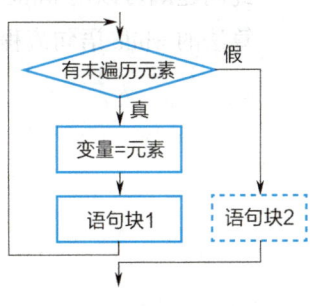

图 4-10　for 语句流程图

【示例 4.6】for 循环执行次数。

```
i = j = 0
for c in "我学 Python":
    i = i + 1
for c in "":
    j = j + 1
print( i,j )
```

程序执行结果为：

　　　　　　　　　　8　0

(1) 循环变量可以在循环体中使用

【示例 4.7】循环变量打印。

```
for c in "我学 Python":
    print( c ,end = "")
```

程序执行结果为：

　　　　　　　　　我学 Python

(2) 常使用内置函数 range( ) 创建整数遍历序列

【示例 4.8】序列打印。

```
for x in range(5):
    print( x ,end = "")
```

程序执行结果为：

　　　　　　　　　01234

【示例 4.9】编写程序计算 1 到 100 的和。

算法思路：要计算 1 到 100 的和，可设变量 Sum，初值为 0，分别用 1，2，…，100 依次与 Sum 求和，而每一个数与 Sum 求和的操作都是相同的，所以应选择循环结构，即通过逐步求部分和,最后求得 1 到 100 的和。

此问题既可以用 while 循环结构来解决,也可以用 for 循环结构来解决。

算法的 while 语句流程图如图 4-11 所示。

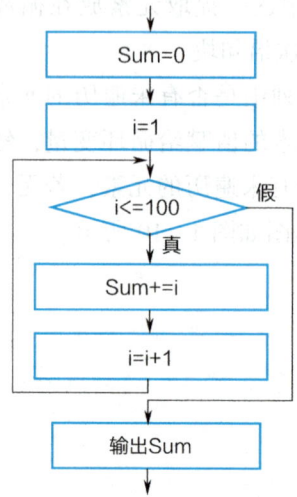

图 4-11 示例 4.9 的 while 语句流程图

程序代码 1:使用 while 循环结构

```
Sum = 0
i = 1
while i < =100:
    Sum + = i
    i = i + 1
print(Sum)
```

算法的 for 语句流程图如图 4-12 所示。

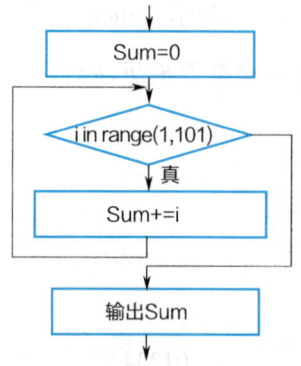

图 4-12 示例 4.9 的 for 语句流程图

程序代码 2:使用 for 循环结构

```
Sum = 0
for i in range(1,101):
    Sum + = i
print(Sum)
```

在编写程序解决实际问题时,如果需要进行求和(求积)处理,可以使用一个变量来表示求解过程中的和(积),用来表示求解过程中的和(积)的变量称为累加器(累乘器),在上面的程序中,Sum 为累加器。

累加器(累乘器)在定义时应进行初始化,初始值可根据实际问题来确定,通常累加器(累乘器)的初始值为 0 (1)。

如果用 s (p) 表示累加器(累乘器),j 表示加数(乘数),则累加器(累乘器)的操作为: s = s + j (p = p * j)。

累加器(累乘器)在使用时,应将累加器(累乘器)的操作 s = s + j (p = p * j) 放在循环体中,累加器(累乘器)的初值应在进行循环操作之前确定,循环操作结束后累加器(累乘器)中存放的值就是所求的结果。

累加器与计数器的区别:计数器每次只能加 1,而累加器每次加任意的数。

【课堂实践 4.3】

求自然数 n 的阶乘 n!,其中 n 由用户通过键盘输入。

3. 循环控制:break 和 continue

在循环结构中,可以使用控制语句来改变程序的流程。控制语句主要有:循环中断语句 break、循环短路语句 continue 和空操作语句 pass。

(1) 循环中断语句 break

格式: break

作用:使程序流程跳出循环体,结束循环。

说明:

1) break 是 Python 3 的关键字。

2) break 语句只能用于循环结构。

3) 在循环体中遇到 break 语句,将结束循环,去执行该循环结构的后继语句。

【示例 4.10】循环控制语句 break 的应用举例。

```
for i in range( 1, 11 ):
    if i % 2 = =0:
        break
    print( i )
```

示例中,当 i 取 1 时,不满足条件 (i % 2 = =0),执行 print(i);当 i 取 2 时,满足条件 (i % 2 = =0),执行 break 语句,立刻退出循环,不再运行循环体余下代码,所以输出为 1。

(2) 循环短路语句 continue

格式：continue

作用：使程序流程结束本次循环。

说明：

1) continue 是 Python 3 的关键字。

2) continue 语句只能用于循环结构。

3) 在循环体中遇到 continue 语句，将结束本次循环，即不执行循环体中 continue 语句之后的语句。对于 while 循环，将根据条件表达式值的情况决定是否进入下次循环；而对于 for 循环，将根据遍历序列中是否有未遍历的元素决定是否进入下次循环。

需要注意的是，过多的 break 和 continue 语句会降低程序的可读性。所以，除非 break 和 continue 语句可以让代码更简单或更清晰，否则不要轻易使用。

【示例 4.11】循环控制语句 continue 的应用举例。

```
for i in range( 1, 11 ):
    if i % 2 = = 0:
        continue
    print(i)
```

示例中，当 i 取奇数（1，3，5，7，9）时，不满足条件（i % 2 = = 0），执行 print(i)；当 i 取偶数（2，4，6，8，10）时，满足条件（i % 2 = = 0），执行 continue 语句，并将未遍历元素赋给循环变量 i，所以示例输出为 1，3，5，7，9。

(3) 空操作语句 pass

格式：pass

作用：执行一次空操作。

说明：

1) pass 是 Python 3 的关键字。

2) pass 语句相当于一个占位符，用于解决语法上需要而实际不需要的问题。

【示例 4.12】获取用户输入字符串的最后一个字符。

```
string = input( "请输入一个字符串:" )
for ch in string:
    pass
print("用户输入字符串的最后一个字符是:",ch )
```

程序执行时，如果用户输入的是"我学 Python"，则程序的执行结果是：

请输入一个字符串：我学 Python

用户输入字符串的最后一个字符是：n

如果在程序中没有第 3 行的 pass 语句,执行程序将给出提示信息 "IndentationError: expected an indented block",表示缩进异常。

在一个循环结构的循环体内又包含另一个完整的循环结构,称为循环的嵌套。把包含另一个循环结构的循环称为外循环,被包含的循环称为内循环。

循环嵌套在执行过程中,外循环执行一次,内循环执行一遍。break 和 continue 都只对本层循环有效。

while、for 循环可以互相嵌套,自由组合。外循环体中可以包含一个或多个循环结构,但必须完整包含,不能出现交叉现象。因此,内层循环应相对于外层循环整体缩进。利用循环嵌套可以解决更复杂的需要重复操作的实际问题。但循环嵌套将大大降低程序执行的效率,所以,尽量不使用循环嵌套,以提高程序执行的效率。

【示例 4.13】 判断给定的正整数是否是素数。

算法思路:素数是指只能被 1 和其自身整除的不等于 1 的正整数。对于给定的正整数 n,定义变量 Flag,Flag 的值为 True 表示 n 是素数,值为 False 表示 n 不是素数。当 n 为 1 时,置初值为 False,否则置初值为 True。为了判断 n 是否为素数,可以用 2 到 n-1 之间的每一个整数 i 去除 n,如果有某个整数 i 整除 n,即 n%i==0,则说明 n 不是素数,否则,n 是素数。所以可以用循环结构(while 和 for 均可,这里使用 for 循环结构)来解决。当有整数 i 整除 n 时,将 Flag 置为 False,并跳出循环,循环结束后,可根据 Flag 的值确定 n 是否为素数。为提高程序的执行效率,减少循环执行的次数,实际上只要用 2 到 int(n**0.5) 之间的每一个整数去除 n 即可。算法的流程图如图 4-13 所示。

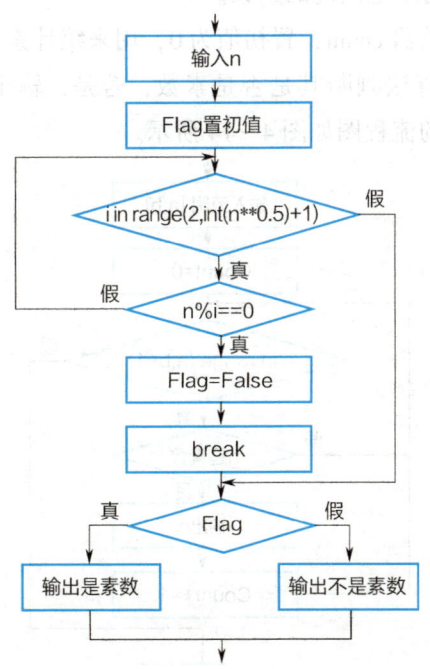

图 4-13 示例 4.13 的流程图

程序代码：

```
n = int( input( "请输入一个正整数:" ) )
Flag = False if n = =1 else True
for i in range(2,int(n * * 0.5) +1):
    if n % i = =0:
        Flag = False
        break
if Flag:
    print(n,"是素数。")
else:
    print(n,"不是素数。")
```

在解决实际问题时，如果某一个实际问题有两种（及以上）可能的结果，在程序中需要根据不同的结果统一做不同的处理，这时可以使用一个变量来表示可能出现的结果，用来表示一个问题结果的各状态的变量称为标志变量，在上面的程序中，Flag 为标志变量。

如果实际问题只有两个结果，那么标志变量的值通常设定为 False（或 0）和 True（或 1），用 False（或 0）代表"不是"，用 True（或 1）代表"是"。如果实际问题有两个以上的结果，那么标志变量可设定多个值，每个值代表一种可能的结果状态。

通常标志变量在定义时应进行初始化，先给定标志变量一个初始值，即先认定是其中的一种结果状态。这样做可以减少程序代码，使程序更加简单易读。

【示例 4.14】统计输出指定范围内的素数。

算法思路：定义一个计数器 count，置初值为 0，用来统计素数的个数，对 [a，b] 内的每一个整数使用示例 4.5 的算法判断其是否是素数，若是，输出该素数，并将计数器加 1。最后输出素数的个数。算法的流程图如图 4-14 所示。

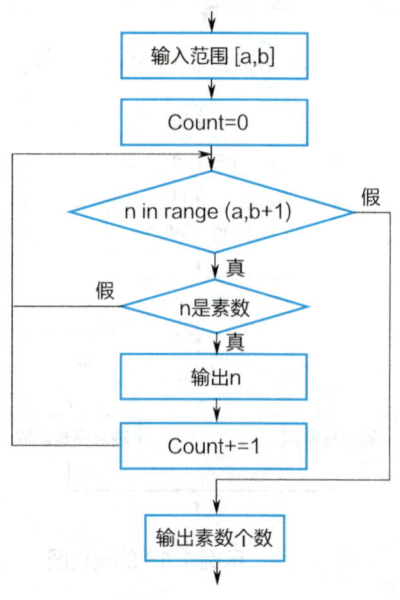

图 4-14 示例 4.14 的流程图

程序代码：

```
a,b = map( int,input( "请输入范围[a,b],用空格分隔:").split())
Count = 0
print(f"范围[{a},{b}]内的素数有:",end = "")
for n in range(a,b+1):
    Flag = False if n = =1 else True
    for i in range(2, int(n**0.5) +1):
        if n % i = =0:
            Flag = False
            break
    if Flag:
        print(n,"\t",end = "")
        Count + =1
print(f"\n范围[{a},{b}]内共有{Count}个素数。")
```

【课堂实践4.4】

验证哥德巴赫猜想，对任意给定的偶数 n，验证 n 可以写成两个素数之和，要求 n 由用户输入。

4.4 实例解析：排序算法

（1）问题描述

不使用 python 中提供的 sort/sorted 方法，自己实现三种排序方法，随机产生 100000 个 [1, 1000] 之间的整数，各进行 10 次排序，对比三种方法的执行速度。

（2）问题分析解决

按照排序算法首先定义好三个函数，之后用 random 模块随机产生一个 list，通过 shuffle() 函数在其内部进行打乱，同时调用函数执行排序。最后用 time 模块记录时间输出即可。具体代码如下。

```
import random
import time
def bubble_sort(lst):
    for i in range(0,len(lst)):
        for j in range(i):
            if lst[j] >lst[j+1]:
                lst[j],lst[j+1] = lst[j+1],lst[j]
    return lst
```

```python
def qsort(lst):
    if len(lst) <=1:
        return lst
    else:
        temp1 =[i for i in lst[1:] if i < lst[0]]
        temp2 =[i for i in lst[1:] if i >=lst[0]]
        return qsort(temp1) + lst[:1] + qsort(temp2)

def select_sort(lst):
    for i in range(0,len(lst)):
        min = i
        for j in range(i +1,len(lst)):
            if lst[min] >lst[j]:
                min = j
        lst[min],lst[i] = lst[i], lst[min]
    return lst

lst = list()
for i in range(1,10001):
    lst.append(random.randrange(1,1001))

#########################################
# Bubble_sort
print("Bubble_Sorting, Please wait……")
t1 = time.clock()
for i in range(1,2):
    random.shuffle(lst)
    bubble_sort(lst)

t2 = time.clock()
print('Bubble_sort ' + str(t2 - t1))


#########################################
# Select_sort
print("Select_Sorting, Please wait……")
t1 = time.clock()
for i in range(1,2):
    random.shuffle(lst)
    select_sort(lst)
t2 = time.clock()
print('Select_sort ' + str(t2 - t1))
```

```
#######################################
# Quick_sort
print("Quick_Sorting, Please wait……")
t1 = time.clock()
for i in range(1,11):
    random.shuffle(lst)
    qsort(lst)
t2 = time.clock()
print('Quik_sort ' + str(t2 - t1))
```

其中函数 bubble_sort(lst) 为冒泡排序算法，函数 qsort(lst) 为快速排序算法，select_sort(lst) 为选择排序算法，执行程序输出以下结果：

```
Bubble_Sorting, Please wait……
Bubble_sort 6.566113899999436
Select_Sorting, Please wait……
Select_sort 2.998674100000244
Quick_Sorting, Please wait……
Quik_sort 0.3476713000000018
```

可以看到，冒泡排序算法执行时间约 6.6s；选择排序算法执行时间约为 3s；快速排序算法执行时间约为 0.35s，执行速度最快。

习题4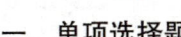

一、单项选择题

1. 关于分支结构，以下选项中描述不正确的是（　　）。
    A. if 语句中条件部分可以使用任何能够产生 True 和 False 的语句和函数
    B. 二分支结构有一种紧凑形式，使用关键字 if 和 elif 实现
    C. 多分支结构用于设置多个判断条件以及对应的多条执行路径
    D. if 语句中语句块执行与否依赖于条件判断

2. 以下关于 Python 的控制结构，错误的是（　　）。
    A. 每个 if 条件后要使用冒号":"
    B. 在 Python 中，没有 switch-case 语句
    C. Python 中的 pass 是空语句，一般用作占位语句
    D. elif 可以单独使用

3. 可以结束一个循环的关键字是（　　）。
    A. exit　　　　B. if　　　　C. break　　　　D. continue

4. range（1，12，3）的值是（　　）。
   A. [1, 4, 7, 10]   B. [1, 4, 7, 10, 12]
   C. [0, 3, 6, 9]   D. [0, 3, 6, 9, 12]
5. 关于 Python 循环结构，以下选项中描述错误的是（　　）。
   A. 遍历循环中的遍历序列可以是字符串、文件、组合数据类型和 range() 函数等
   B. break 用来跳出最内层 for 或者 while 循环，脱离该循环后程序从循环代码后继续执行
   C. 每个 continue 语句只有能力跳出当前层次的循环
   D. Python 通过 for、while 等关键字提供遍历循环和无限循环结构
6. 以下关于循环结构的描述，错误的是（　　）。
   A. 遍历循环的循环次数由遍历序列中的元素个数来体现
   B. 非确定次数的循环的次数是根据条件判断来决定的
   C. 非确定次数的循环用 while 语句来实现，确定次数的循环用 for 语句来实现
   D. 遍历循环对循环的次数是不确定的
7. 以下代码段，不会输出 A，B，C，的选项是（　　）。
   A. for i in range（3）：
          print（chr（65+i），end="，"）
   B. for i in [0，1，2]：
          print（chr（65+i），end="，"）
   C. i=0
      while i<3：
          print（chr（i+65），end="，"）
          i+=1
          continue
   D. i=0
      while i<3：
          print（chr（i+65），end="，"）
          break
          i+=1
8. 设 x=10，y=20，下列语句能正确运行结束的是（　　）。
   A. max=x>y？x：y   B. if（x>y）print（x）
   C. while True：pass   D. min=x if x<y else y
9. 设 ls=[1，2，3，4，5，6]，以下关于循环结构的描述，错误的是（　　）。
   A. 表达式 for i in range（len(ls)）的循环次数跟 for i in ls 的循环次数是一样的
   B. 表达式 for i in range（len(ls)）的循环次数跟 for i in range（0，len(ls)）的循环次数是一样的
   C. 表达式 for i in range（len(ls)）的循环次数跟 for i in range（1，len(ls)+1）的循环次数是一样的
   D. 表达式 for i in range（len(ls)）跟 for i in ls 的循环中 i 的值是一样的

10. 以下关于循环结构的描述，错误的是（   ）。
    A. 遍历循环使用 for ＜循环变量＞ in ＜循环结构＞语句，其中循环结构不能是文件
    B. 使用 range( ) 函数可以指定 for 循环的次数
    C. for i in range(5) 表示循环 5 次，i 的值是从 0 到 4
    D. 用字符串做循环结构的时候，循环的次数是字符串的长度

二、程序填空题

1. 从键盘输入三条边，判断是否能够构成一个三角形。

```
side1 = float(input("the first side of triangle:"))
side2 = float(input("the second side of triangle:"))
side3 = float(input("the thrid side of triangle:"))
if( 1 ):
    print (side1,side2,side3,"is sides of triangle")
else:
    print (side1,side2,side3,"is not sides of triangle")
```

2. 输入两个数，比较它们的大小并输出其中较大者。

```
x = int(input("Please enter first integer: "))
y = int(input("Please enter second integer: "))
if (x = =y):
    print("两数相同!")
( 1 )(x > y):
    print("较大数为:",x)
( 2 ):
    print("较大数为:",y)
```

3. 输入年龄，判断该年龄属于哪个年龄段，根据程序注释完成下列填空。

```
age = int(input("请输入您的年龄"))
if age( 1 ):
if age( 2 ):
    if age( 3 ):
        if age( 4 ):
            print("您是长寿老人!")    #大于等于100 为长寿老人
        else:
            print("您是老年人!")     #大于等于80 小于100 为老年人
    else:
        print("您是中年人!")    #大于等于66 小于80 为中年人
else:
    print("您是青年人!")    #大于等于18 小于66 为青年人
else:
print("您是未成年人!")   #不满18 为未成年人
```

三、程序阅读题

1. 下面程序可以判断学生成绩的等级，如果 a>90 与 a>60 这两个条件换一下位置，是否可行？请给出判断结果并分析原因。

```
a=92
if a==60:
    print("刚好及格")
elif a>90:
    print("优秀")
elif a>60:
    print("过线")
else:
    print("不及格")
```

2. 以下程序的输出结果是_____。

```
for num in range(1,4):
    sum *= num
print(sum)
```

3. 以下程序的输出结果是_____。

```
y=0
for i in range(0,10,2):
    y+=i
print("y=",y)
```

4. 若 k 为整型，则下述 while 循环执行的次数为_____。

```
k=1000
while k > 1:
    print(k)
    k=k/2
```

5. 下面代码执行后 m，n 的值是_____。

```
n=123456789
m=0
while n!=0:
    m=(10*m)+(n%10)
    n//=10
```

6. 执行以下程序，输入 qp，输出结果是_____。

```
k = 0
while True:
    s = input('输入 q 继续:')
    if s = ='q':
        k + =1
        continue
    else:
        k + =2
        break
print(k)
```

四、程序设计题

1. 编写程序，计算用户输入年份的二月份天数。
2. 某商场举行购物优惠活动（x 代表购物款，y 代表折扣）如下：

   当 x < 1600 时，y = 0；

   当 1600 < = x < 2400 时，y = 5%；

   当 2400 < = x < 3200 时，y = 10%；

   当 3200 < = x < 6400 时，y = 15%，

   当 x > = 6400 时，y = 20%。

   编写程序，对输入的顾客购物款，显示应付的款数。
3. 编写程序，求 1 ~ 100 间所有偶数的和。
4. 编写程序，对用户从键盘输入的大于 1 的自然数，对其进行因式分解。例如，10 = 2×5，60 = 2×2×3×5。
5. 编写程序，假设一年期定期利率为 3.25%，计算需要过多少年，10000 元的一年定期存款连本带息能翻一倍？
6. 编写猜数游戏程序。预设一个 0 ~ 9 之间的整数，让用户猜一猜并输入所猜的数，如果大于预设的数，显示"太大"；小于预设的数，显示"太小"，如此循环，直至猜中该数，显示"恭喜！你猜中了！"
7. 编写程序，分别使用嵌套 for 循环和嵌套 while 循环实现打印 99 乘法表。

第 5 章 Python 异常处理

异常（Exception）是指在程序运行过程中所发生的不正常事件，它会中断正在运行的程序。产生异常的原因有很多，如除数为 0、下标越界、名字错误、类型错误、文件不存在等，可分为两种：语法错误和程序异常。本章主要介绍 Python 异常的概念、类型以及对异常进行的处理操作。

5.1 语法错误

语法错误是指编写代码过程中所使用的语法不符合 Python 语言的编程规定，从软件角度来说，错误是语法或逻辑上的。语法上的错误指编写的代码不符合指定语言的规范，导致不能被解释器解释或编译器无法编译；逻辑上的错误可能是由于不完整或是不合法的输入所致，也可能是逻辑无法生成，或是输出结果需要的过程无法执行。常见的语法错误如下所示。

1. 不符合语法规范

在使用 Python 进行编程时，经常会发生不符合语法规范的情形。例如，少写了括号或冒号，或者表达式书写不完整等。

【示例 5.1】少写括号。

```
>>>print 'Hello World!'
```

执行结果为：

```
File "<stdin>", line 1
  print 'Hello World!'
                     ^
SyntaxError: Missing parentheses in call to 'print'. Did you mean print('Hello World!')?
```

在程序发生异常时，Python 解释器会捕获到异常并抛出到执行环境中，显示回溯 Traceback 过程及错误发生的代码所在之处，中断程序的执行。

在示例 5.1 中，print 语句少写了一对括号，导致 Python 解释器无法解释，所以发生异常报错。这个报错由 Python 语法分析器完成,在报错提示的第 1 行,显示了错误所在的文件和行号,第 2 行与第 3 行用箭头"^"标识出了语句中错误所在的位置,最后一行显示了错误类型为语法错误 SyntaxError,并描述了具体的错误原因。

【示例 5.2】表达式书写不完整。

```
>>>list2 =[1,2,3]
>>>for i in list2
```

执行结果为:

```
File "<stdin>", line 2
    for i in list2
                 ^
SyntaxError: invalid syntax
```

从示例 5.2 中可以看到,for 语句书写不完整,少了冒号,因此,在运行的过程中,提示无效语法。在平时编写代码的过程中,可以借助编程工具的提示,减少这些错误发生的概率。

2. 缩进错误

在 Python 语言环境中,采用代码缩进和冒号来标识出代码的层次和语法关系。因此,养成良好的编写习惯,正确使用缩进是必不可少的,不要混合使用制表符(tab 占位)和空格来表示缩进。同一层次的语句必须有相同的缩进,同样缩进的一组语句为语句块,同一语句块中的语句建议采用同一缩进风格。

【示例 5.3】缩进错误。

```
if True:
    print("This is True!")
else:
    print("This is False!")
  print("This is End!")
```

执行结果为:

```
File "<stdin>", line 5
    print("This is End!")
                        ^
IndentationError: unindent does not match any outer indentation level
```

可以看到在示例 5.3 中,if…else 语句的缩进与语法都是正确的,但是第 5 行语句 print("This is End!")既没有与 if/else 对齐,也没有与 if 语句下语句块内的 print 语句有相同缩进,因此,Python 解释器认为这个 print("This is End!")语句没有与任何一个语句是处于同一语句块的,所以报错为缩进错误 IndentationError。从这个错误可以看出,在 Python 中,不可随意地缩进书写新的语句块。

5.2 程序异常

异常即是一个事件，该事件会在程序执行过程中发生，影响了程序的正常执行。一般情况下，在 Python 无法正常处理程序时就会触发（引发、生成）一个异常，解释器通过它通知当前控制流有错误发生。

1. AttributeError：属性错误

【示例 5.4】调用不存在的属性引发异常。

```
>>>list4 = [ ]
>>>list4.at1
Traceback (most recent call last):
  File "<stdin>", line 1, in <module>
AttributeError:'list'object has no attribute'at1'
```

列表 list4 为空列表，当试图访问列表的属性 at1 时，显然是不存在的，因此，Python 会报错 AttributeError，显示列表没有该属性。报错的第 1 行中显示 Traceback，回溯错误；第 2 行显示异常所在的位置：文件、行或者模块；第 3 行显示错误类型以及导致异常的原因。

2. FileNotFoundError：打开文件错误

【示例 5.5】打开文件异常。

```
>>>f = open("test.txt")
Traceback (most recent call last):
  File "<stdin>", line 1, in <module>
FileNotFoundError:[Errno 2] No such file or directory:'teset.txt'
```

示例 5.5 中试图打开 Python 根目录下的 test.txt，但是在根目录下并不存在 test.txt 文档，因此，提示报错 FileNotFoundError，没有该文件或目录。

3. IndexError：索引超出列表范围

【示例 5.6】索引超出范围。

```
>>>list5 = [1,2,3]
>>>list5[3]
Traceback (most recent call last):
  File "<stdin>", line 1, in <module>
IndexError: list index out of range
```

列表 list5 中有 3 个元素，当试图访问 list5［3］，即访问第 4 个元素时，无法正常获取，因此，Python 会报错 IndexError，显示列表的索引已经超出该列表范围。初学者经常会犯这种错误，需要特别小心，一定要注意：索引值是从 0 开始的！在对列表使用循环语句时，更须谨记，循环条件设置要合理。

4. KeyError：请求的键在字典中不存在

【示例 5.7】请求键不存在。

```
>>>dict7 = {'course':'Python','score':'4','teacher':'LXG'}
>>>dict7['course']
'Python'
>>>dict7['student']
Traceback (most recent call last):
  File "<stdin>", line 1, in <module>
KeyError:'student'
```

如果正常访问字典中的键，会显示相应的值，如访问 dict7 中的'course'，显示'Python'；但是如果访问字典中不存在的键，如 dict7［'student'］，就会报错 KeyError，即请求的键不存在。

5. NameError：尝试访问一个没有声明的变量

【示例 5.8】使用不存在的变量名。

```
>>>var8
Traceback (most recent call last):
  File "<stdin>", line 1, in <module>
NameError: name 'var8' is not defined
```

大家都知道，在 Python 中不需要对变量进行先声明再使用，但是也必须先对变量赋值，才能正常访问。如在示例 5.8 中，变量'var8'并没有赋值，而直接使用，就会报错 NameError。

6. TypeError：不同类型之间的无效操作

【示例 5.9】不同类型间无效操作。

```
>>>1 +'1'
Traceback (most recent call last):
  File "<stdin>", line 1, in <module>
TypeError: unsupported operand type(s) for +:'int'and'str'
```

整型和字符串类型是不能相互计算的，否则会报错 TypeError。

7. ZeroDivisionError：除数为 0

【示例 5.10】 除数为 0。

```
>>>1/0
Traceback (most recent call last):
  File "<stdin>", line 1, in <module>
ZeroDivisionError: division by zero
```

除数为 0 时，引发 ZeroDivisionError 异常。编程时为何会犯这种错误？其实，在实际的代码编写过程中，没有那么容易识别出除数是否或者何时为 0。

5.3 异常处理：try…except…语句

程序异常是无法预测的错误，原因比较复杂，通常这类错误在语法上是正确的，而是在运行的时候检测到了错误。代码一旦抛出异常而得不到及时的处理，整个程序就会崩溃而提前结束。而合理使用异常处理结构可使得程序更加健壮，具有更高的容错性。同时使用异常处理结构可以为用户提供更加友好的提示。

当 Python 脚本发生异常时，需要捕获处理，否则程序会终止执行。Python 提供了多种不同形式的异常处理结构，但基本思路是一致的：先尝试运行代码，如果没问题就正常执行，如果发生了错误，则尝试去捕获和处理，否则再中断程序。

1. try…except…基本结构

Python 异常处理结构中，最基本的是 try…except…结构。其中 try 子句用于检测/监控异常，except 子句用于捕获、处理异常。该结构的语法格式如下：

```
try:
    <语句块1>      # 可能引发异常的代码
except [异常名]:
    <语句块2>      # 如果 try 子句中的代码发生异常,捕获异常处理
```

说明：

1) 若<语句块 1>中的程序正常运行，没有任何错误或者异常发生，则会将其执行完毕而直接忽略 except 中的<语句块 2>。

2) 若<语句块 1>发生了异常，程序就不再继续执行 try 中未执行的语句，而是直接执行 except 子句中的<语句块 2>。

3) 若<语句块 1>发生了异常，并在 except 后指明了异常名，则检测异常的发生是否与 except 后的异常名一致。若一致，则执行<语句块 2>中的代码；若不一致，那么这个异常会传递给上层的 try 或者程序的最上层，抛出异常显示在执行环境中，中断程序。

4) 若<语句块 1>发生了异常，并没有指明任何异常名，则直接执行 except 中的<语句

块 2 > 代码，对异常进行处理。

【示例 5.11】 try…except…无异常发生。

```
print("This is beginning!")
try:
    print("This is try!")
except:
    print("This is except!")
print("This is continue…")
```

执行结果为：

```
This is beginning!
This is try!
This is continue…
```

try 语句块中的代码正常运行，因此，直接忽略 except 中的代码，而执行 try…except…后的程序。

【示例 5.12】 try…except…指定异常名 NameError。

```
print("This is beginning!")
try:
    pirnt("This is try!")
except NameError:
    print("This is NameError!")
print("This is continue…")
```

执行结果为：

```
This is beginning!
This is NameError!
This is continue…
```

try 语句块中的代码发生异常，将 print 误写为 pirnt，异常发生的类型为 NameError，与 except 后的异常名一致，因此，只执行 except 语句块中的程序。

【示例 5.13】 try…except…指定异常名 IOError。

```
print("This is beginning!")
try:
    pirnt("This is try!")
except IOError:
    print("This is IOError!")
print("This is continue…")
```

执行结果为：

```
This is beginning!
Traceback (most recent call last):
  File "<stdin>", line 3, in <module>
NameError: name 'pirnt' is not defined
```

try 语句块中的代码发生异常，将 print 误写为 pirnt，但是异常发生的类型为 NameError，该异常类型与 except 后的异常名不一致，因此，也不执行 except 语句块中的程序，而是直接显示报错信息，中断程序，不再执行 try/except 后续的 print（"This is continue…"）语句。

【示例 5.14】try…except…不指定异常名。

```
print("This is beginning!")
try:
    pirnt("This is try!")
except:
    print("This is except!")
print("This is continue…")
```

执行结果为：

```
This is beginning!
This is except!
This is continue…
```

由于 except 子句中没有指定任何异常名，因此，try 语句块中的代码发生异常时，不管何种异常类型，都执行 except 语句块中的程序。在编程过程中可以发现，通常在 try 语句块中的代码出现异常时，无法确定发生了哪一种异常的，那么，就可以使用 except 子句来统一获取所有的异常类型，让用户知道，try 语句块中的程序发生了异常。但是，一般是不建议这么做的，因为 try 语句块中一旦在某条语句出现异常，后续语句将不会被执行，这会将预期外的错误隐藏起来。

2. 带 as 子句的 try…except…结构

在 try…except…语句中，如果想知道具体的异常类型信息，可以使用 as 子句打印出具体的异常信息。使用格式为：

```
try:
    <语句块 1>           # 可能会产生异常的代码
except ［异常名］［as 名称］:   # 将异常名给以别名名称
    <语句块 2>           # 如果 try 语句块中的代码发生异常，进行异常处理
                        # 的代码
```

【示例 5.15】try…except…指定异常类的别名。

```
print("This is beginning!")
try:
    pirnt("This is try!")
except NameError as err:
    print("This is NameError:{str(err)} ")
print("This is continue…")
```

执行结果为:

```
This is beginning!
This is NameError:name 'pirnt' is not defined
This is continue…
```

如果 try 语句块中的代码发生异常，而且需要显示详细的出错信息，则可使用 as 子句将异常类的具体错误消息存储在变量名称中，将其存储后打印给编程人员参考。

【示例 5.16】简单处理异常的 try…except…语句。

```
#除法计算器
#用 try/except 语句捕获和处理异常
try:
    a = input("请输入被除数：")
    b = input("请输入除数：")
    print("This is result:{float(a)/float(b)}")
except ZeroDivisionError:
    print("This is ZeroDivisionError!")
print("This is continue…")   # try/except 语句后,继续执行程序
```

运行该示例程序，执行结果为：

```
请输入被除数:6
请输入除数:2
This is result:3.0
This is continue…
```

再次运行示例 5.16 程序，执行结果为：

```
请输入被除数:6
请输入除数:0
This is ZeroDivisionError!
This is continue…
```

如果正常输入除数与被除数，try 语句块中的代码被正常运行，显示正确的相除后的结果，那么，except 中的语句会被直接忽略，执行 try…except…之后的程序；但是当除数为 0 时，try 语句块中的程序发生异常，通过本章 5.1 节的学习可以知道，该异常为 ZeroDivisionError，与 except 后的异常名相同，因此，执行 except 语句块中的异常处理程序，打印了" This is ZeroDivisionError！"，在执行 try…except…语句后，继续运行接下来的代码，而不会中断整体的程序运行。

在 Python 环境中处理多个异常，允许在 try…except…except…语句中捕获不同的异常，由不同的 except 子句处理。一个 try…except…语句可以分别使用多个 except 子句，用以处理不同的特定异常，也可同时使用多个 except 子句，对指定的异常类型进行统一处理。

其执行过程为：若 try 语句块中的代码发生了异常且所有 except 子句都指定了异常名，则检测异常的发生是否与某一个 except 后的异常名一致。若一致，则执行相应 except 子句中的代码；若不一致，这个异常会传递给上层的 try 或者程序的最上层，抛出异常显示在执行环境中，中断程序。

【示例 5.17】try…except…except…多个 except 子句指定异常名。

```
print("This is beginning!")
try:
    a = 1
    print("This is a:" + a)
except NameError:
    print("This is name error!")
except TypeError:
    print("This is type error!")
print("This is continue…")
```

执行结果为：

```
This is beginning!
This is type error!
This is continue…
```

本例中，try 语句块中的代码发生异常，字符串不能与整数相加，异常类型为 TypeError，与第 2 个 except 子句后的异常名一致，因此，只执行第 2 个 except 子句后语句块中的程序。

try…except…except…也可同时处理多个异常，多个异常可放在一个括号中。

【示例 5.18】try…except…except…同时指定 except 子句的异常名。

```
print("This is beginning!")
try:
    a = 1
    print("This is a:" + a)
except (IOError, TypeError):
    print("This is special error!")
print("This is continue…")
```

执行结果为：

```
This is beginning!
This is special error!
This is continue…
```

本例中，try 语句块中的代码发生异常，异常类型为 TypeError，是 except 子句后异常名元组中的第 2 个元素，因此，执行该 except 子句后的异常处理代码，输出"This is special error!"。

5.4 异常处理：try…except…else…语句

带 else 子句的异常处理结果可以看成一种特殊的选择结构，当 try 语句块中的代码抛出了异常且被某个 except 子句捕获，则执行相应的异常处理代码而不执行 else 子句中的代码，如果 try 中代码没有抛出异常，则执行 else 子句的代码，其语法格式如下：

try:
  <语句块 1>　　# 可能会产生异常的代码
except　[异常名 1]　[as 名称 1]：
  <语句块 2>　　# 如果 try 语句块中的代码发生异常 1，进行异常处理的代码
except　[异常名 2]　[as 名称 2]：
  <语句块 3>　　# 如果 try 语句块中的代码发生异常 2，进行异常处理的代码
…
except　[异常名 n]　[as 名称 n]：
  <语句块 m>　　# 如果 try 语句块中的代码发生异常 n，进行异常处理的代码
else：
  <语句块 k>　　# 如果 try 语句块中的代码不发生异常，执行的代码

功能：else 子句检测并统一处理异常。
说明：
1）语句块 1 中的程序正常运行，没有任何错误或者异常发生，则会将其执行完毕而直接忽略所有 except 中的语句块，而且执行 else 子句中的语句块。
2）若语句块 1 发生了异常且所有 except 子句都指定了异常名，则检测异常的发生是否与

某一个 except 后的异常名一致。若一致，则执行相应 except 子句中的代码；若不一致，这个异常会传递给上层的 try 或者程序的最上层，抛出异常显示在执行环境中，中断程序。

3）若语句块 1 发生了异常且最后的 except 子句中没有指定任何异常名，则先检测异常的发生是否与某一个 except 后的异常名一致。若一致，则执行相应 except 子句中的代码；若不一致，直接执行最后 except 中的语句块代码，对异常进行处理。

4）简而言之，try 子句中，若发生异常，则执行相应 except 子句中的语句块；若没有发生异常，则执行相应 else 子句中的语句块。

5）在使用 else 子句时，务必注意，该子句在 try 子句没有发生任何异常的时候执行，但是必须放在所有的 except 子句之后。

【示例 5.19】else 子句处理异常，指定异常名。

```
print("This is beginning!")
try:
    a = [1,2,3]
    print(f"This is the third item of list a: {a[2]}")
except IndexError:
    print("This is index error!")
else:
    print("This is no except!")
print("This is continue…")
```

执行结果为：

```
This is beginning!
This is the third item of list a: 3
This is no except!
This is continue…
```

【示例 5.20】else 子句处理异常，不指定异常名。

```
print("This is beginning!")
try:
    a = [1,2,3]
    print("This is the third item of list a: {a[2]}")
except IndexError:
    print("This is index error!")
else:
    print("This is no except!")
print("This is continue…")
```

执行结果为：

```
This is beginning!
This is the third item of list a：3
This is no except!
This is continue…
```

示例 5.19 和示例 5.20 中，try 语句块中的代码并未发生异常，因此输出"This is the third item of list a：3"，之后的 except 子句直接忽略，而执行 else 子句中的程序，输出"This is no except！"。

【示例 5.21】统一处理的 else 子句。

```
#除法计算器
#用 try/except/except..语句捕获和处理异常
try:
    a = input("请输入被除数：")
    b = input("请输入除数：")
    print(f"This is result：{float(a)/float(b)}")
except (ZeroDivisionError, NameError) as err:
    print(f"This is special error! {str(err)} ")
except ValueError:
    print("This is value error!")
except:
    print("Error occurs!")
else:
    print("No error occurs!")
print("This is continue…")   # try/except/except..语句后,继续执行程序
```

运行示例 5.21 的程序，执行结果为：

```
请输入被除数：6
请输入除数：2
This is result：3.0
No error occurs!
This is continue…
```

再次运行示例 5.21 的程序，执行结果为：

```
请输入被除数：6
请输入除数：0
This is special error! float division by zero
This is continue…
```

再次运行示例 5.21 的程序，执行结果为：

```
请输入被除数:f
请输入除数:2
This is value error!
This is continue…
```

try 语句块中的代码正常运行，显示输入的两个数相除后的结果，并且执行 else 子句中的代码，输出"No error occurs!"。

5.5 异常处理：try…except…finally…语句

在 try 语句块中的代码出现异常时，可由 except 子句处理异常；在 try 语句块正常运行时，可由 else 语句继续执行接下来的程序，那么，不管 try 语句块是否正常运行，都需要执行的代码应该怎么办呢？

try…except…finally…结构中，无论 try 语句块中的代码是否发生异常，也不管抛出的异常有没有被 except 子句捕获，finally 子句中的代码都会被执行。因此，finally 子句中的代码常用来做一些清理工作以释放 try 子句申请的资源。其语法格式如下：

```
try:
    <语句块1>    # 可能会产生异常的代码
except ［异常名1］ ［as 名称1］:
    <语句块2>    # 如果try语句块中的代码发生异常1，进行异常处理的代码
else:
    <语句块3>    # 如果try语句块中的代码不发生异常，执行的代码
finally:
    <语句块4>    # 无论try语句块中的代码是否发生异常，都需要执行的代码
```

说明：

1）若语句块 1 中的程序正常运行，没有任何错误或者异常发生，则会将其执行完毕而直接忽略所有 except 中的语句块，而且执行 else 子句中的语句块 3，最后执行 finally 中的语句块 4。

2）若语句块 1 发生了异常，except 子句省略，也会执行 finally 子句中的语句块 4，执行完语句块 4 后中断程序并报错显示。

3）若语句块 1 发生了异常，也存在 except 子句，则执行 except 子句中的语句块 2，进行异常处理，然后执行 finally 子句中的语句块 4，不会中断程序。

【示例 5.22】 使用 finally 子句，省略 except 子句，以默认模式打开文件。

```
#在 Python 的根目录下,有 song.txt 文件
print("This is beginning!")
try:
    f = open('song.txt')
    f.write('This is a song txt file!')
    print("Writing…")
finally:
    print("This is finally!")
    f.close()
print("This is continue…")
print(f"File state:{f.closed}")    #确认文件的打开状态
```

执行结果为：

```
This is beginning!
This is finally!
Traceback (most recent call last):
  File "<stdin>", line 4, in <module>
    f.write('This is a song txt file!')
io.UnsupportedOperation: not writable
```

示例 5.22 中，try 语句块中的代码发生异常，无法对只读文件进行写入，在 "f.write('This is a song txt file!')" 语句执行时发生错误，因此，执行 finally 子句中的语句，输出 "This is finally!" 并关闭文件。在这里请务必注意，try 子句中发生错误之后的语句，将不再执行，并且程序中断并显示错误信息。

【示例 5.23】 使用 finally 子句，不省略 except 子句，以默认模式打开文件。

```
#在 Python 的根目录下,有 song.txt 文件
print("This is beginning!")
try:
    f = open('song.txt')
    f.write('This is a song txt file!')
    print("Writing…")
except:
    print("This is except!")
finally:
    print("This is finally!")
    f.close()
print("This is continue…")
print(f"File state:{f.closed}")    #确认文件的打开状态
```

执行结果为:

```
This is beginning!
This is except!
This is finally!
This is continue…
File state: True
```

try 语句块中的代码发生异常,无法对只读文件进行写入,在 "f.write ('This is a song txt file! ')" 语句执行时发生错误,因此,首先执行 except 子句中的异常处理语句,输出 "This is except!",然后执行 finally 子句中的语句,输出 "This is finally!" 并关闭文件,最后执行接下来的代码。

【示例 5.24】使用 finally 子句,不省略 except 子句和 else 子句,以默认模式打开文件。

```
#在 Python 的根目录下,有 song.txt 文件
print("This is beginning!")
try:
    f = open('song.txt')
    f.write('This is a song txt file! ')
    print("Writing…")
except:
    print("This is except!")
else:
    print("This is else!")
finally:
    print("This is finally!")
    f.close()
print("This is continue…")
print(f"File state:{f.closed}")    #确认文件的打开状态
```

执行结果为:

```
This is beginning!
This is except!
This is finally!
This is continue…
File state: True
```

示例 5.24 中,try 语句块中的代码发生异常,无法对只读文件进行写入,在 "f.write ('This is a song txt file! ')" 语句执行时发生错误,因此,先执行 except 子句中的语句,输出 "This is except!",再执行 finally 子句中的语句,输出 "This is finally!" 并关闭文件,接着执行之后的代码。

5.6 实例解析：素数判断

（1）问题描述

判断给定正整数是否是素数，如果程序运行时发生异常，使用 try…except…语句进行捕获和处理。

（2）问题分析解决

程序代码：

```
try:
    n = int( input( "请输入一个正整数:" ) )
    Flag = False if n = =1 else True
    for i in range( 2,int( n * * 0.5) +1):
        if n % i = =0:
            Flag = False
            break
    if Flag:
        print(n,"是素数。")
    else:
        print(n,"不是素数。")
except ValueError:
    print("This is ValueError! Please input an integer!")
```

习题5

一、单项选择题

1. 以下对于异常的描述中，错误的选项是（　　）。
   A. 执行程序后产生了非预期结果，阻止了正常执行
   B. 异常发生时，Python 解释器会终止程序的运行
   C. Python 可提供异常处理机制来捕获程序的错误
   D. 即使使用异常处理程序捕捉错误，还是会报错，阻止程序的执行

2. 在 Python 编程中，不小心答错了命令，将" abs " 输成了" asb"，会抛出下列哪种异常？（　　）。
   A. SytaxError　　　　B. NameError　　　　C. ValueError　　　　D. KeyError

3. 在 Python 3 版本中 print 的用法应该是 print（" string"），如果还是写成 Python 2 版本中的 print " string"，会抛出下列哪种异常？（　　）。
   A. SytaxError　　　　B. NameError　　　　C. TypeError　　　　D. AttributeError

4. 在 Python 环境中，是以空格来表示代码之间的层次关系的，如果空格使用不正确，会

抛出下列哪种异常？（　　）。

    A. SytaxError   B. AttributeError

    C. IndentationError   D. ZeroDivisonError

5. 以下对于 try…except…语句描述正确的选项是（　　）。

    A. 无论 try 子句中的代码运行是否出现异常，都会执行 except 子句中的程序

    B. 只有 try 子句中的代码运行不出现异常，才会执行 except 子句中的程序

    C. try 子句中的语句块是用来处理异常的

    D. except 子句能够指定多个异常类

6. 以下对于 try…except…else…语句中，描述错误的选项是（　　）。

    A. 无论 try 子句中的代码运行是否出现异常，都会执行 else 子句中的程序

    B. 只有 try 子句中的代码运行不出现异常，才会执行 else 子句中的程序

    C. except 子句能够指定多个异常类

    D. else 子句必须放在所有 except 子句之后

7. 以下对于 try…except…else…finally…语句描述中，正确的选项是（　　）。

    A. 无论 try 子句中的代码运行是否出现异常，都会执行 finally 子句中的程序

    B. 只有 try 子句中的代码运行不出现异常，才会执行 finally 子句中的程序

    C. finally 子句中的语句块是用来处理异常的

    D. except 子句不能够指定多个异常类

8. 以下对 Python 3 中异常处理语句描述中，正确的选项是（　　）。

    A. finally 子句不可与 except 子句共同使用

    B. finally 子句不可与 else 子句共同使用

    C. finally 子句不可与 except 子句共同使用，也不可与 else 子句共同使用

    D. finally 子句可以与 except 子句共同使用，也可以与 else 子句共同使用

二、知识填空题

1. 当索引边界值发生异常时，可使用_____内置异常类来捕获异常。

2. 当_____情况发生时，会抛出 ZeroDivisonError。

3. 异常处理语句主要有四种形式：简单处理异常_____语句、处理多个异常_____语句、统一处理_____语句、无条件处理_____语句。

三、程序填空题

1. 写出下列程序抛出的异常。

```
a=[0,1,2,3]
print(f"list a item 0 is:{a[0]}")
Traceback (most recent call last):
  File "<stdin>",line 1, in <module>
(1)
```

2. 请填写下面程序中空白处的代码。

```
print("This is beginning!")
try:
    a = {"Python": "Hello,Python!", "C": "Hello,C!"}
    print(f"This is Key Python: {a["java"]} ")
except( 1 )as err:
    print(f"This is error: {str(err)}")
print("This is continue…")
```

执行结果为：

```
This is beginning!
( 2 )
This is continue…
```

3. 请填写下面程序中空白处的代码。

```
print("This is beginning!")
try:
    a = int(input("请输入你的学号:"))
except:
    print("This is except! ")
else:
    print(f"This is your student ID:{a} ")
print("This is continue…")
```

执行结果为：

```
This is beginning!
请输入你的学号:180603012
( 1 )
This is continue…
```

再次执行结果为：

```
This is beginning!
请输入你的学号:S180603012
( 2 )
This is continue…
```

四、程序设计题

1. 使用 try…except…else…finally…语句，任意编写一个处理异常的程序。
2. 使用 try…except…异常处理语句，编写比较两个整数大小的代码。

第 6 章
Python 函数

对于需要反复调用的代码块,可封装为一个函数,在需要执行该代码功能的地方进行调用就可以,这样既简化了代码的编写,又实现了代码的复用。从实际问题中抽取出相对独立的功能并单独用函数实现是程序员必备的基本编程能力。本章将详细介绍 Python 中函数的使用。

6.1 函数的基本使用

编程语言中的函数,就是把具有独立功能的代码块组织为一个整体,并在需要的时候调用。函数的实质是一段组织好的、可重复使用的、用来实现单一或相关联功能的代码段。函数举例见示例 6.1。

【示例 6.1】求两数之和的函数。

```
#定义 sum_2_num 函数,实现两数相加
def sum_2_num():
    num1 = 10
    num2 = 20
    result = num1 + num2
    print("%d+%d=%d" % (num1, num2, result))
#调用 sum_2_num 函数
sum_2_num()
```

输出结果为:

```
10+20=30
```

函数能提高程序功能的模块化和代码的重复利用率。在示例 6.1 中,定义了一个叫 sum_2_num 的函数,下面的缩进部分是这个函数的代码段,又称为函数体,用来实现两个数相加的作用。定义之后,程序可以在任何需要的地方调用函数,如示例 6.1 的最后行,直接快速实现函数内代码段的功能,特别是在需要多次重复使用某个功能时,函数将大大提升程序编写效率。

如示例6.1中的函数 sum_2_num 这种自己定义的函数，叫作自定义函数，也就是内部实现过程都是由程序员自己编写的。在 sum_2_num 中还使用了一个 print 函数，这个函数不是自己编写的，功能实现是由 Python 事先定义好的，这种函数叫内置函数。

自定义函数的使用包含两个步骤：

1）定义函数——在函数中编写代码，定义功能。

2）调用函数——执行函数体的代码，实现功能。

1. 函数的定义

函数定义的一般格式如下：

def 函数名（形式参数表）：

$$\left.\begin{array}{l}[\text{文档字符串}] \\ \text{语句块} \\ [\text{return 表达式}]\end{array}\right\} \text{函数体}$$

说明：

1）def 是 Python 的关键字，用来定义函数。

2）函数名是为所定义函数起的名字，必须符合标识符的命名规则，应做到"见名知意"。

3）形式参数简称形参，形参表由一个或多个形参组成，形参之间用逗号分隔。形参可有可无，可根据实际问题而定。形参是为实现本函数的功能所提供的数据。

4）函数名后的一对圆括号是函数必不可少的组成部分，无论是否有形式参数都必须写。

5）冒号"："是函数定义不可少的组成部分，用来表示以下是函数体的开始。

6）文档字符串、语句块、return 表达式统称为函数体。

7）Python 函数的函数体不用括号，而是用缩进的方式，所有缩进内容都会被 Python 认为是函数的函数体，一般缩进 4 个半角空格。

8）文档字符串是可选项，是用两组"三撇号"括起来的字符串，用来对所定义的函数进行功能等文字描述。

9）语句块是语句集合，是本函数功能的具体实现。

10）return 语句是可选项，用来返回本函数执行的结果。

函数定义一般要遵循如下原则：

1）向函数体传入任何参数都必须放在圆括号中间，如果是多个参数，参数之间用逗号隔开。

2）函数名称应该能够简单明确的表达函数功能，以方便后续的调用。函数名可以由字母、下划线和数字组成，不能以数字开头，不能与 Python 关键字重复。

3）函数可以使用文档字符串的方式或在函数名附近（上一行或下一行）以备注的方式表明函数的作用及参数的作用，以便其他开发者阅读。

4）切记 Python 的函数与其他程序语言不通，函数内容以冒号起始，并且缩进。

5）即使没有 return，函数也会返回一个 None。

2. 函数的参数

参数可以传递数据给函数内部,增加函数的通用性,即不改变函数本身的功能逻辑,只通过传递不同的参数,实现不同的操作。由于函数定义时的参数不是实际参数,会在调用函数时传递给它实际参数,所以将定义函数时的参数叫作"形式参数",一般简称为"形参";而调用函数时传递的真实参数称为"实际参数",简称"实参"。之前定义的 sum_2_num 是一个没有参数的函数,有参数的函数定义和使用见示例6.2。

【示例6.2】求两个参数之和的函数。

```
#定义带有形参列表的函数 sum_2_num
def sum_2_num(num1, num2):
    result = num1 + num2
    print("%d+%d=%d" % (num1, num2, result))
#调用 sum_2_num 函数,并传递两个实际参数
sum_2_num(50,20)
```

输出结果为:

```
50 + 20 = 70
```

示例6.2 定义了 sum_2_num 函数,并且了定义两个"形参",函数作用是计算两个参数之和,多个形参之间用逗号隔开。第7行调用函数时,为函数传递两个"实参",函数就会将50和20代入函数体内进行运算,输出结果为 50+20=70。

6.2 函数的参数传递

示例6.2 中的50和20是如何传递给函数的形参呢?一般采用两种方法,一种是基于位置传递,一种是基于关键字传递。

1. 基于位置传递参数

基于位置传递参数时不需要写出参数名称,Python 会根据实参的位置将参数值按照顺序自动匹配到同位置的形参中,见示例6.3。

【示例6.3】基于位置传递参数。

```
#定义 fun 函数,作用是打印两个参数
def fun(a,b):
    print("a is %d and b is %d" % (a,b))

#调用函数,按照位置传递参数
fun(1,2)
```

输出结果为:

```
a is 1 and b is 2
```

在示例 6.2 中定义的 fun 函数,作用是打印两个参数,第 1 个形参是 a,第 2 个形参是 b。最后一行调用函数时直接传实参,Python 会按照函数定义时的位置,自动将实参匹配到对应位置的形参,即 a=1,b=2。

2. 基于参数名传递参数

参数传递方法是基于参数名传递参数,即调用时写上参数名称并赋值,Python 会根据实参的名称将参数值自动匹配到同名形参中,见示例 6.4。

【示例 6.4】基于参数名传递参数。

```
#定义 fun 函数,作用是打印两个参数
def fun(a,b):
    print("a is %d and b is %d" % (a,b))

#调用函数,按照参数名传递参数
fun(b=1,a=2)
```

输出结果为:

```
a is 2 and b is 1
```

示例 6.3 与示例 6.4 定义的函数完全相同,示例 6.4 中调用函数时明确参数 b 的赋值是 1,参数 a 的赋值是 2,因此函数体中 b=1,a=2。

相较而言,基于参数名的调用显然更加灵活,不受形参位置的影响,所以建议实际工作中尽量使用基于参数名的方式传递函数参数。

3. 函数参数的默认值

如果一个有参数的函数,在被调用时没有传递实参,会是什么效果呢?见示例 6.5。

【示例 6.5】调用带参数的函数时不传递参数。

```
#定义 fun 函数,作用是打印两个参数
def fun(a,b):
    print("a is %d and b is %d" % (a,b))

#调用函数,但未传递实参
fun()
```

输出结果为:

```
TypeError: fun() missing 2 required positional arguments:'a' and 'b'
```

因为没有传递参数,程序报错了。所以一旦函数定义了参数,在调用时一定要"传参"。有时为了避免因忘记传递参数造成调用函数失败,或者有些参数值经常被使用,没有必要每

次都要特地写出来，可以使用默认参数，即在定义函数时指定默认情况下的参数值，具体代码见示例6.6。

【示例6.6】 函数定义带默认值的参数。

```
#定义 fun 函数,作用是打印两个参数,并指定参数的默认值
def fun(a=1,b=2):
    print("a is %d and b is %d" % (a,b))

#调用函数,但未传递实参
fun()
```

输出结果为：

```
a is 1 and b is 2
```

在示例6.6中，定义函数时，通过赋值的形式，直接指明默认参数值，即a的默认值是1，b的默认值是2。在最后一行调用函数时，虽然没有特地传递参数，但程序会使用默认参数，即a=1，b=2。

函数定义了默认参数值，调用时依然可以传递其他参数值，这时传递的参数值将覆盖默认参数值，见示例6.7。

【示例6.7】 函数定义带默认值的参数，依然可以传递实参。

```
#定义 fun 函数,作用是打印两个参数,并指定参数的默认值
def fun(a=1,b=2):
    print("a is %d and b is %d" % (a,b))

#调用函数,并传递实参
fun(b=20,a=10)
```

输出结果为：

```
a is 10 and b is 20
```

4. 可变参数

在调用函数时，除了会遇到"是否传递参数"的问题外，还会遇到"传递多少个参数"的问题，例如在前面章节讲到的format参数，可以传递一个参数，也可以传递多个参数。这种参数数量可以发生变化的参数称为可变参数，当自己定义函数时，如何实现这种可变参数呢？

一般有两种方法，一种是基于元组的可变参数，另一种是基于字典的可变参数。

基于元组的可变参数在形式上很好识别，即在定义函数参数时，在参数前面增加一个星号"*"，见示例6.8。

【示例6.8】 函数定义基于元组的可变参数。

```
#定义sum函数用于求参数的和,基于元组的方式定义可变参数numbers
def sum(*numbers):
    total = 0
    for item in numbers:
        total += item
    print("The sum is %d" % total)

#调用sum时可以传递任意数量参数,如下传递四个实参:10,20,30,40
sum(10,20,30,40)
```

输出结果是:

```
The sum is 100
```

示例6.8定义sum函数用于求参数的和,并通过*定义基于元组的可变参数numbers。最后一行调用sum时可以输入任意数量参数,如传递10、20、30、40,并计算它们的和。示例6.8传递了4个参数,也可以在调用时指定其他数量的参数,见示例6.9。

【示例6.9】 基于元组的可变参数的参数数量可以变化。

```
#与6.8定义函数方式相同
def sum(*numbers):
    total = 0
    for item in numbers:
        total += item
    print("The sum is %d" % total)

#这次传递5个参数
sum(100,200,300,400,500)
```

输出结果是:

```
The sum is 1500
```

示例6.9在调用时传递了5个参数,程序依然可以运行出正确的结果。

另一种定义可变参数的方法是基于字典。这种方法也很好识别,在定义函数参数时使用"**",见示例6.10。

【示例 6.10】 函数定义基于字典的可变参数。

```
#定义 mathGrade 函数用于打印参数,定义基于字典的可变参数 grades
def mathGrade( * * grades):
    for key,value in grades.items():#循环遍历字典中的各个键值对
        print(key," - > ",value)

#调用函数并传递参数时,等号前是 key,等号后是 value
sum(小 a =98,小 b =99,小 c =100)
```

输出结果为：

```
小 a - > 98
小 b - > 99
小 c - > 100
```

示例 6.10 中，定义 mathGrade 函数用于打印参数列表中的所有参数，定义基于字典的可变参数 grades。最后一行调用函数并传递参数时，等号前是 key，等号后是 value，例如传递参数"小 a =98"，其中"小 a"将自动成为一个键值对中的 key，"98"将自动成为对应的 value，可以输入任意个此形式的参数。

基于字典的可变参数的参数数量也可以随意调整，见示例 6.11。

【示例 6.11】 调整基于字典的可变参数的参数数量。

```
#与示例 6.10 定义函数方式相同
def mathGrade( * * grades):
    for key,value in grades.items():
        print(key," - > ",value)

#这次传递 4 个参数
sum(小 a =98,小 b =99,小 c =100,小 d =89)
```

输出结果为：

```
小 a - > 98
小 b - > 99
小 c - > 100
小 d - > 89
```

也可将基于元组的可变参数称为可变参数，将基于字典的可变参数称为关键字参数。

另外，Python 函数在定义参数的时候是有顺序的，具体顺序如下：普通参数、带默认值参数、可变参数、关键字参数。

6.3 变量作用域

在函数体内可以定义变量，如何区分函数体内的变量和函数外的变量？这就涉及变量的作用域问题。

作用域是指变量被定义之后，程序能在什么地方使用它。如图6-1所示，函数体外定义的变量a1叫作全局变量，它的作用域包括整个程序，也就是说全局变量在整个程序中都可以使用。函数体内定义的变量a2叫作局部变量，它的作用域在函数体内，也就是说只有函数内部才能使用这个变量。将图6-1转换为代码，见示例6.12。

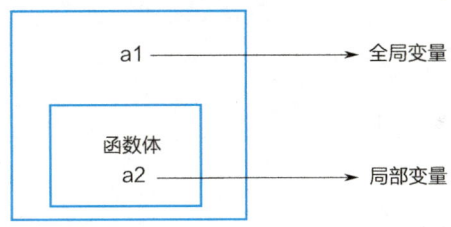

图6-1 变量的作用域

【示例6.12】变量作用域举例。

```
#定义两个变量,a1是全局变量,a2是局部变量
a1 = 1
def fun():
    a2 = 2
    print("a2 is % d" % a2)
print("a1 is % d" % a1)

fun()
```

输出结果为：

```
a1 is 1
a2 is 2
```

示例6.12中定义了全局变量a1和函数fun内的局部变量a2。函数体外可以通过print直接操作a1，而a2在fun函数调用时才能被操作。

函数体外能识别局部变量吗？通过示例6.13进行尝试。

【示例6.13】尝试在函数体外使用局部变量。

```
#在fun函数中定义局部变量a2
def fun():
    a2 = 2

#在函数体外使用局部变量a2
print("a2 is % d" % a2)
```

输出结果为:

NameError: name 'a2' is not defined

示例 6.13 中,在 fun 函数中定义了局部变量 a2,最后一行在函数体外使用 a2 时报错。可以看到,局部变量一旦离开了函数体就不再被识别,证明了局部变量的作用域只局限于函数内部。那全局变量可以被函数体内识别吗?通过示例 6.14 进行尝试。

【示例 6.14】尝试在函数体内使用全局变量。

```
#定义全局变量 a1
a1 = 1
def fun():
    print("a1 is %d" % a1)

fun()
```

输出结果为:

a1 is 1

示例 6.14 中,定义全局变量 a1,并在 fun 函数体内尝试打印出这个变量,最后一行调用 fun 函数,可以正常打印出 a1,说明全局变量的作用域覆盖整个程序,包括函数体内。

如果全局变量和局部变量同名会怎么样呢?见示例 6.15。

【示例 6.15】全局变量和局部变量同名。

```
#全局变量和局部变量都命名为 a1
a1 = 1
def fun():
    a1 = 2
    print("局部变量 a1 is %d" % a1)

#通过 print 打印 a1,然后再调用 fun 函数打印 a1
print("全局变量 a1 is %d" % a1)
fun()
```

输出结果为:

全局变量 a1 is 1
局部变量 a1 is 2

示例 6.15 中,全局变量和局部变量都叫 a1,在函数体外通过 print 打印 a1,然后再调用 fun 函数打印 a1。从结果可见,在函数体外直接使用的 a1 是全局变量的 a1,值为 1;在函数中使用的 a1 是局部变量 a1，值为 2。

示例 6.15 中，如果希望函数 fun 内操作的 a1 就是全局变量 a1，该怎么办呢？可以使用 global 关键字指明函数内的 a1 就是全局变量 a1，见示例 6.16。

【示例 6.16】尝试在函数体内使用全局变量。

```
a1 = 1
def fun():
    global a1 #通过 global 指明这个 a1 就是全局变量 a1
    a1 = 2 #将 a1 值修改为 2

#调用 fun 函数,将全局变量 a1 修改为 2
fun()
print("a1 is % d" % a1)
```

输出结果为：

```
a1 is 2
```

示例 6.16 中，在函数体内使用 global 关键字，指明这个 a1 就是全局变量 a1，当 fun 函数执行之后将全局变量 a1 被改成了 2。

因此可以总结出以下结论：

1）全局变量的作用域为整个程序。

2）局部变量的作用域为函数内部。

3）如果全局变量和局部变量同名，函数内部识别的是局部变量，函数外部识别的是全局变量。

4）如果希望函数内修改同名全局变量，需要使用 global 关键字。

6.4 函数类型

函数类型不是指函数返回值的类型。在 Python 中，函数本身就是一种数据类型 function，也被称为"函数类型"（同理于"字符型""浮点型"等）。任何函数都是函数类型数据，见示例 6.17。

【示例 6.17】函数本身是一个数据类型。

```
#定义一个 fun 函数
def fun():
    print("this is a function")

fun()
print(type(fun)) #用 type 查看 fun 函数的数据类型
```

输出结果为：

```
this is a function
<class 'function'>
```

示例 6.17 中，定义了函数 fun 并进行调用，之后使用 type 内置函数查看 fun 的数据类型，显示为 <class 'function'>，即为 function 数据类型。

既然函数本身是一种数据类型，那说明一个函数可以作为另一个函数返回值，即某个函数的返回值可以是一个函数，见示例 6.18。

【示例 6.18】函数可以作为其他函数的返回值。

```
#定义一个 calculate 函数,作用是根据输入的符号,返回具体运算函数,例如,若输入的是"+",则返回求和函数;若输入的是"-",则返回求差函数等
def calculate(opt):
    if opt == "+":
        return sum
    if opt == "-":
        return min
    if opt == "*":
        return mul
    if opt == "/":
        return div

#以下 4 个函数为具体计算函数
def sum(a,b):
    print(a+b)

def min(a,b):
    print(a-b)

def mul(a,b):
    print(a*b)

def div(a,b):
    print(a/b)

#通过传递参数"*",calculate 返回计算乘法的函数并复制给 f1 变量,此时,f1 就相当于计算乘法的 mul 函数
f1 = calculate("*")
print(type(f1))#打印 f1 的数据类型
f1(5,10)#作为函数类型,f1 可以直接被调用并被传递参数
```

输出结果为：

```
<class'function'>
50
```

示例 6.18 中定义了一个 calculate 函数，作用是根据输入的符号，返回具体运算函数，例如，若输入的是"+"，则返回求和函数；若输入的是"-"，则返回求差函数等。第 12 到第 23 行是定义了具体运算函数。第 26 行通过传递参数"*"，calculate 函数返回计算乘法的函数并复制给 f1 变量，此时，f1 就相当于计算乘法的 mul 函数。第 27 行使用 print（type（f1））查看 f1 类型为 <class'function'>，证明此时可以将 f1 理解为函数类型变量，最后一行使用 f1，就和使用 mul 函数一样。

函数类型同样可以作为参数被传递给其他函数，见示例 6.19。

【示例 6.19】函数类型作为参数传递给其他函数。

```
list1 =[1,2,3,4,5,6,7,8,9,10]
#定义函数 compare,比较参数和 5 的大小,如果大于 5 返回 true,否则返回 false
def compare(a):
    return a >5

#使用 python 内置函数 filter,它的作用是将 list1 里的元素作为参数传给 compare 函数,并返
回可以使 compare 函数为 True 的元素。此时 compare 函数就作为参数传递给了 filter 函数
filtered = filter(compare, list1)
list2 = list(filtered) #将满足条件的元素重新变成列表
print(list2)
```

输出结果为：

```
[6,7,8,9,10]
```

示例 6.19 比较难理解，下面逐行进行梳理。

第 1 行定义了一个列表 list1，其中包含了 10 个数字。

第 3、4 行定义了函数 compare，这个函数的作用是判断参数是否大于 5，如果大于就返回 True，如果不大于就返回 False。

第 7 行，使用 python 自带的 filter 函数对 list1 进行过滤，检查 list1 中哪些元素能使 compare 函数返回值为 True（也就是 list1 中哪些数字大于 5），并将这些元素返回到 filtered 变量中。

第 8 行将 filtered 转换为恢复成列表类型。

第 9 行打印结果，结果为 [6,7,8,9,10]。

示例 6.19 中的 filter 函数就是把其他函数作为其参数之一。本示例中，它将用于判断数值是否大于 5 的 compare 函数作为参数，该参数用于判断另一个列表型参数中的各个元素是

否满足条件。除了 filter 函数外，Python 还提供了 map 函数等，使用方法和 filter 函数相似，都是将其他函数作为参数，但它们的作用不同，感兴趣的同学可以自行研究。

6.5 匿名函数

函数可以通过函数名反复调用。但是在一些特殊环境下，有些函数只会用一次，不会再重复使用，这时候就可以使用匿名函数，也就是没有名字的函数。在 Python 中使用 lambda 关键字定义匿名函数（所以匿名函数有时也被称为 lambda 函数）。

匿名函数定义的一般格式：lambda 参数表：表达式。

功能：返回表达式的值。

说明：

1）lambda 是 Python 的关键字。

2）参数表由多个（含 0 个）参数组成，参数之间用逗号分隔，参数支持默认值参数、可变长参数。

3）表达式：定义匿名函数功能的代码。

匿名函数的使用见示例 6.20。

【示例 6.20】 匿名函数的使用。

```
integers = range(1,10) #通过内置 range 函数生成 1~9 的 9 个整数
filtered = filter(lambda x: x % 2 = =0, integers) #filter 的第一个参数是一个匿名函数,作用是判断 x 除以 2 的余数是否为 0,若为 0 则返回 true,若不为 0,则返回 false(即判断是否为偶数)
even = list(filtered) #将 filtered 转成列表型
print(even)
```

输出结果为：

```
[2,4,6,8]
```

示例 6.20 中，首先通过 python 内置 range 函数，生成 1~9 的 9 个整数。第 2 行 filter 函数中第一个参数是一个函数，但这次是一个匿名函数。这个匿名的作用是判断 x 除以 2 的余数是否为 0，若为 0，则返回 True，若不为 0，则返回 False（即判断是否为偶数）。用此方法逐一筛选 integers 中的 9 个整数，并将满足条件的元素返回给 filtered。

如果您是一位 Python 初学者，可能暂时无法理解匿名函数的优势，但随着学习的深入，会慢慢体会到它的重要作用。

6.6 Python 常用内置函数

Python 提供了很多内置函数，可以提高编程效率，常见的内置函数如图 6-2 所示。感兴趣的同学可以自行研究。

内置函数				
abs()	divmod()	input()	open()	staticmethod()
all()	enumerate()	int()	ord()	str()
any()	eval()	isinstance()	pow()	sum()
basestring()	execfile()	issubclass()	print()	super()
bin()	file()	iter()	property()	tuple()
bool()	filter()	len()	range()	type()
bytearray()	float()	list()	raw_input()	unichr()
callable()	format()	locals()	reduce()	unicode()
chr()	frozenset()	long()	reload()	vars()
classmethod()	getattr()	map()	repr()	xrange()
cmp()	globals()	max()	reverse()	zip()
compile()	hasattr()	memoryview()	round()	_import_()
complex()	hash()	min()	set()	
delattr()	help()	next()	setattr()	
dict()	hex()	object()	slice()	
dir()	id()	oct()	sorted()	exec内置表达式

图6-2 Python常用内置函数表

6.7 实例解析：基于函数定义的温度转换

（1）问题描述（详见1.4实例解析：温度转换实例）

（2）问题分析解决

基于函数定义，编写如下温度转换的Python程序代码：

```
#定义温度转化函数TempTrans
def TempTrans(temp):
    if temp[-1] in ['C','c']:
        temp = float(temp[:-1])
        result = temp*1.8+32
        print("将您输入的温度转换为华氏温度为:{0}F".format(result))
    elif temp[-1] in ['F','f']:
        temp = float(temp[:-1])
        result = (temp-32)/1.8
        print("将您输入的温度转换为摄氏温度为:{0}C".format(result))
    else:
        print("您输入的温度格式有错误,请重新输入")

temp = input("请输入您要转换的温度,以F结尾表示华氏温度,以C结尾表示摄氏温度")
TempTrans(temp)
```

将上述程序保存为文件 TempTrans.py，在 PyCharm 集成开发环境中运行该程序。输入带华氏标志的温度值 11C，程序运行结果如下：

将您输入的温度转换为华氏温度为:51.8F

习题6

一、单项选择题

1. 关于函数的参数，以下选项中描述错误的是（　　）。
   A. 可选参数可以定义在非可选参数的前面
   B. 一个元组可以传递给带有星号的可变参数
   C. 在定义函数时，可以设计可变数量参数，通过在参数前增加星号"＊"实现
   D. 在定义函数时，如果有些参数存在默认值，可以在定义函数时直接为这些参数指定默认值

2. 关于形参和实参的描述，以下选项中正确的是（　　）。
   A. 函数定义中参数列表里面的参数是实际参数，简称实参
   B. 参数列表中给出要传入函数内部的参数，这类参数称为形式参数，简称形参
   C. 程序在调用时，将形参复制给函数的实参
   D. 函数调用时，实参默认采用按照位置顺序的方式传递给函数，Python 也提供了按照形参名称输入实参的方式

3. 以下选项中，对于函数的定义错误的是（　　）。
   A. def vfunc（＊a，b）：   B. def vfunc（a，b）：
   C. def vfunc（a，＊b）：   D. def vfunc（a，b＝2）：

4. 关于函数，以下选项中描述错误的是（　　）。
   A. 函数能完成特定的功能，对函数的使用不需要了解函数内部实现原理，只要了解函数的输入输出方式即可
   B. 使用函数的主要目的是减低编程难度和代码重用
   C. Python 使用 del 关键字定义一个函数
   D. 函数是一段具有特定功能的、可重用的语句组

5. 下列代码执行结果是（　　）。

```
1   x=1
2   def change(a):
3       x+=1
4   print(x)
5
6   change(x)
```

A. 1　　　　B. 2　　　　C. 3　　　　D. 报错

6. 下列函数中，参数定义不合法的是（　　）。
   A. def myfunc（*args）：
   B. def myfunc（arg1 = 1）：
   C. def myfunc（*args, a = 1）：
   D. def myfunc（a = 1, *args）：

二、程序阅读题

1. 请阅读下面的程序，并写出该段程序的功能。

```
1   import random
2
3   def get_level(score):
4       if 90 < score <=100:
5           return 'A'
6       elif 80 < score <=90:
7           return 'B'
8       else:
9           return 'C'
10
11  def main():
12      for i in range(20):
13          score = random.randint(1,100)
14          level = get_level(score)
15          print(f"成绩为%i,等级为%s" % (score,level))
16
17  main()
```

2. 请阅读下面的程序，并写出该段程序的执行结果。

```
1   def mySum(*args):
2       print(args)
3       return  sum(args)
4   print(mySum(1,2,3,4,5))
```

3. 请阅读下面的程序，并写出该段程序的执行结果。

```
1   num = 10
2   print("out fun: id = ", id(num)) #id为内置函数,用于查看对象内存地址
3
4   def fun():
5       num = 2
6       print("in fun: id = ", id(num))
7       print(f"in fun: num = {num}")
8
9   fun()
10  print(f"out fun: num = {num}")
```

4. 请阅读下面的程序，并写出该段程序的执行结果。

```
num = 10
def fun():
    global num
    num = 2
fun()
print(num)
```

三、程序设计题

1. 请编写一个函数，计算传入字符串中数字、字母、空格以及其他字符的个数。

2. 请编写一个函数，判断用户传入的对象（字符串、列表、元组）长度是否大于5。

3. 请编写一个函数，检查获取传入列表或元组对象的所有奇数位索引对应的元素，并将其作为新列表返回给调用者。

4. 请编写一个函数，检查传入字典的每一个value的长度，如果大于2，那么仅保留前两个长度的内容，并将新内容返回给调用者。

第 7 章 Python 高级数据类型

本章将详细讲解 Python 中的列表（list）、元组（tuple）、字典（dict）、集合（set）高级数据类型。

7.1 序列及分类

Python 除了支持第 3 章介绍的数值类型、字符数据类型，还支持列表、元组、字典、集合等高级数据类型。这些高级数据类型可用来存放多个数据元素，成为一个序列（Sequence），序列中含有元素的个数称为序列的长度。前面章节学习的基本数据类型都可作为序列的元素，序列元素还可以是另一个序列，以及后面要学习的其他对象。

Python 常用序列如图 7-1 所示，划分为有序序列和无序序列两类，常用的有序序列结构有字符串、列表和元组，常用的无序序列结构有字典和集合。有序序列中的每个元素都分配一个序号，即元素的位置，也称为索引。第一个索引是 0，第二个则是 1，以此类推。序列中的最后一个元素标记为 -1，倒数第二个元素为 -2，以此类推。通过序号可以访问序列的一个或者多个成员。

根据是否可以改变序列元素，比如对序列进行增、删、改操作，分为可变序列和不可变序列。列表属于可变序列，元组和字符串属于不可变序列。不可变序列一旦创建后，就不可以修改了。

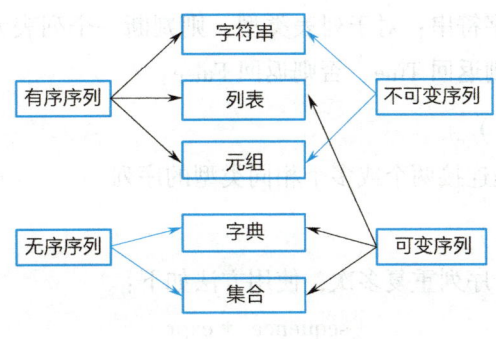

图 7-1　Python 常用序列

1. 序列类型运算符

在第 2 章和第 3 章中已经学习的 Python 运算符中，有些既可用于基本数据类型，也适用于序列类型。此外，还有专门针对序列类型进行操作的运算符，有些普遍适用于序列类型，有些适用于有序序列。表 7 - 1 列出了序列类型运算符。

表 7 - 1 序列类型运算符

名称	运算符	运算规则
成员	in not in	element [not] in seq：判断元素 element 是否在序列 seq 中 seqa [not] in seqb：判断序列 seqa 是不是序列 seqb 的子序列
索引	[ ]	seq [index]：获得序列对象 seq 的下标为 index 的元素，如果 seq 的长度为 N，则 index 必须在 [- N,N - 1] 范围内
重复	*	A*n 或 n*A：将序列对象 A 重复复制 n 遍，如果 n 小于或等于 0，将得到一个空序列
乘赋值	*=	A*=n：将序列对象 A 重复复制 n 遍赋给 A，如果 n 小于或等于 0，将得到一个空序列
加	+	A+B：将序列对象 A 和 B 连接为一个新的序列对象。其中 A 和 B 为相同类型的序列对象
加赋值	+=	A+=B：将序列对象 A 和 B 连接为一个新的序列对象赋给 A。其中 A 和 B 为相同类型的序列对象
切片	[::]	seq[start:end:step]：获得序列对象 seq 的从下标为 start 到下标为 end - 1 范围内的步长为 step 的元素组成的子序列，其中 start 默认为 0，end 默认为最后一个元素的下标，step 是默认为 1 的整数
关系	关系运算符	A 关系运算符 B：关系运算符包括：<，<=，>，>=，==，!= 对于有序序列，从序列对象 seqa 和 seqb 的第 1 个元素开始，依次按对应元素进行比较，如果当前元素有比较（除==外）结果，便是序列的比较结果，否则继续比较下一个元素；而对于==运算符，必须出现不相等的情况或全部元素比较完毕 对于无序序列，判断两个序列对象 seqa 和 seqb 是否有真子集、子集、真包含、包含、相等和不相等的集合关系

（1）成员关系操作符（in、not in）

成员关系操作符用来判断一个元素是否属于一个序列。例如，对于字符串类型，就是判断一个字符是否属于这个字符串；对于列表类型，则判断一个列表元素是否属于该列表。若某个元素属于一个序列，则返回 True，否则返回 False。

（2）连接操作符（+）

"+"操作符的作用是连接两个或多个相同类型的序列。

（3）重复操作符（*）

"*"操作符可使某个序列重复多次，使用方法如下：

$$\text{sequence} * \text{expr}$$

expr 是一个整型表达式，返回值是一个包含了多份原序列 sequence 的复制的新序列。

(4) 切片操作符（[ ]、[：]、[：：]）

因为序列是由一些元素共同组成的一个有序整体，所以可用方括号加索引的方式访问它的每一个元素，或者通过在方括号中用冒号把开始下标和结束下标分开的方式来访问一组连续的元素。这种访问方式就叫作切片。

访问某个元素的语法如下：

1）sequence[index] 访问单个元素。sequence 是序列名称，index 是想要访问的元素对应的偏移量。偏移量可以是正值（正索引），范围从 0 到 N-1（N 为序列长度，也表示序列中元素个数）；偏移量也可以是负值（负索引），范围从 -1 到 -N（序列长度的负值）。正、负索引的区别在于正索引以序列的开头为起点，负索引以序列的结束为起点。

2）sequence[starting_index：ending_index] 访问多个元素。starting_index 和 ending_index 分别表示访问 sequence 序列的开始索引和结束索引，中间以冒号分隔。这种方式将得到从开始索引到结束索引（不含结束索引对应的元素）间一组连续的元素。

starting_index 和 ending_index 都是可选的，如果没有指定，切片操作将从序列首个元素开始，或直到序列的最末端结束。

3）sequence[starting_index：ending_index：step] 指定步长索引的多元素访问。step 表示访问序列中元素的步长参数。

2. 序列类型内置函数

Python 提供有专门对序列类型进行操作的内置函数，表 7-2 给出了序列类型内置函数。

表 7-2 序列类型内置函数

调用格式	函数功能
len (seq)	求序列 seq 的长度
max (seq [, key = function])	对序列对象 seq 中的元素按函数 function 指定的方法求最大值，function 默认为 None
min (seq [, key = function])	对序列对象 seq 中的元素按函数 function 指定的方法求最小值，function 默认为 None
reversed (seq)	将序列对象 seq 逆置，创建一个迭代器对象
sorted (seq, key, reverse)	将序列对象 seq 的元素按指定关键字 key 排序，生成一个可迭代对象。其中 key 是一个含有一个参数的函数，用来指定按哪个关键字排序，reverse = False（默认）表示升序，reverse = True 表示降序
sum (seq)	对序列 seq 中的各元素求和，返回数字型数据，其中 seq 中的元素必须是数字类型
zip (seq1,seq2,…)	将各序列对象中对应的元素打包成一个个元组，然后返回由这些元组组成的可迭代对象 如果各序列的元素个数不一致，则返回列表长度与最短的对象相同

7.2 列表

列表是包含 0 个或多个元素的可变有序序列，像字符串类型一样，列表也可以通过下标或者切片操作的方式来访问某一个或者某一块连续的元素。但列表又有很多不同于字符串的特性，使用列表可以处理更多的数据，解决更复杂的实际问题，特别是需要修改数据的实际问题。

1. 创建列表

可以通过使用方括号"[ ]"创建一个列表，并把括号里的每个元素用逗号进行分隔，或者使用内置函数 list(x)来实现。列表中每个元素的类型可以是不同的数据类型，还可以是列表。创建列表的代码如下。

```
#列表的创建
List1 =[ ]    #创建一个空列表
List2 =[1,2,3,2,5]    #创建了一个同类型数据的列表
List3 =[123,4.56,'abc',True]    #创建了一个不同类型数据的列表
List4 =[78,List2,"python"]    #以列表为元素创建列表
List5 =list()  # 使用内置函数创建的空列表
List6 =list(range(5))    #以 range(5)创建一个列表[0,1,2,3,4]
str1 = "Python"
List7 =list(str1)    #以字符串创建一个列表:['P','y','t','h','o','n']
List8 =[ 3 *x +2 for x in range(5)]    #缺省条件推导式创建列表[2,5,8,11,14]
List9 =[ 3 *x +2 for x in range(5) if x% 2 = =1]    #带条件推导式创建列表[5,11]
```

2. 列表的操作函数

列表类型继承序列类型特点，有一些通用的操作函数，见表 7 - 3。

表 7 - 3　列表的操作函数

调用格式	示例
len()	>>>List1 =[0,1,2,0,3] >>>len(List1) 5
zip ()	>>>List1 =[0,1,2, -5,3] >>>List2 =[6,4] >>>List3 =list(zip(List1,List2)) #打包成每个元素是元组的列表 >>>List3 [(0,6),(1,4)]
reversed ()	>>>List1 =[0,1,2, -5,3] >>>List2 =list(reversed(List1)) # 将列表逆转并输出 >>>List2 [3, -5,2,1,0]
min()	>>>List1 =[0,1,2, -5,3] >>>min(List1) -5

(续)

调用格式	示例
sorted ()	>>>List1 = [0,1,2,-5,3] >>>List2 = list(sorted (List1))　#将 List1 从小到大排序 >>>List2 [-5, 0, 1, 2, 3]
sum ()	>>>List1 = [1, 2, 3, 2, 5] >>>sum(List1) 13
修改列表元素	>>>List1 = [123, 456, 'abc', True, 'de'] >>>List1[2:3] = [78,90]　#修改列表中多个元素 >>>List1 [123, 456, 78, 90, 'de']
向列表插入元素	>>>List1 = [123, 456, 78, 90, True, 'de'] >>>List1[4:4] = ['a','b','c']　#通过切片在指定位置插入多个元素 >>>List1 [123, 456, 78, 90, 'a', 'b', 'c', True, 'de']
用关键字 del 删除列表或元素	>>>List1 = [123, 456, 78, 90, True, 'de'] >>>del List1　#删除列表 List1
遍历列表元素	>>>List1 = [123, 456, 78, 90, 'a', 'b', 'c', True, 'de'] >>>for x in List1: 　　print(x, end = "\t") 123 456 78 90 a b c True de

3. 列表的操作方法

不仅可通过运算符和内置函数对列表进行操作，还可使用表 7-4 中列出的列表的操作方法，其中 list 作为列表变量的通用表示。

表 7-4　列表的操作方法

调用格式	方法功能	示例
list.append(obj)	在列表 list 末尾添加新元素 obj	>>>list = [0,1,2,-5,3] >>>list.append(7) >>>list [0,1,2,-5,3,7]
list.clear()	清空列表 list	>>>list = [0,1,2,-5,3] >>>list.clear() >>>list [ ]

(续)

调用格式	方法功能	示例
list.copy()	复制列表 list	>>>list = [0,1,2,-5,3] >>>List1 = list.copy() >>>List1 [0,1,2,-5,3]
list.count(obj)	统计元素对象 obj 在列表 list 中出现的次数	>>>list = [1, 2, 3, 2, 2] >>>list.count(2) 3
list.extend(seq)	在列表 list 末尾一次性追加另一个序列 seq 中的多个值	>>>list = [1, 2, 3] >>>list.extend([4,5]) >>>list [1, 2, 3, 4, 5]
list.index(obj)	从列表 list 中找出元素 obj 第一个匹配项的索引位置	>>>list = [1, 2, 3, 2, 5] >>>list.index(2) 1
list.insert(index, obj)	将对象 obj 插入列表 list 的指定位置 index	>>>list = [1, 2, 3, 2, 5] >>>list.insert(2, 4) >>>list [1, 2, 4, 3, 2, 5]
list.pop([index])	删除列表 list 中索引为 index 的元素，并且返回该元素的值	>>>list = [1, 2, 3, 2, 5] >>>list.pop(1) 2 >>>list [1, 3, 2, 5]
list.remove(obj)	删除列表 list 中元素 obj 的第一个匹配项，如果列表 list 中没有 obj，则抛出 ValueError 异常	>>>list = [1, 2, 3, 2, 5] >>>list.remove(2) >>>list [1, 3, 2, 5]
list.reverse()	将列表 list 逆置	>>>list = [1, 2, 3, 2, 5] >>>list.reverse() >>>list [5, 2, 3, 2, 1]
list.sort(key = None, reverse = False)	对原列表 list 进行排序，其中 key 是一个含有一个参数的函数，用来指定按哪个关键字排序，reverse = False (默认)为升序，reverse = True 表示降序	>>>list = [5, 2, 3, 2, 1] >>>list.sort() >>>list [1, 2, 2, 3, 5]

4. 应用实例

【示例7.1】 查找。

分析：查找是在一些有序/无序的数据元素中，通过一定的方法找出与给定关键字相同的数据元素的过程。不同的查找方法构成不同的查找算法，具有不同的查找效率。

方法一：顺序查找，又称线性查找，是从列表第一个元素开始，逐个将每个元素与要查找的数据进行对比，如果比较到两者相同，则查找成功；如果一直到最后都未找到，则查找失败。

程序代码：

```python
#在列表myList中顺序查找数值为key的算法
def SeqSearch(myList,key):
    for i in range(len(myList)):
        if myList[i] == key:
            isFound = True
            print('已找到数值',key,'在第',i,'个位置')
            return i
    print('没有找到数值',key)
    return -1
```

因为顺序查找要求一直搜索，直到找到为止，因此效率较低，时间复杂度为 $O(n)$。但优点是算法简单，且对列表是否有序无要求。

方法二：二分查找，又称折半查找。二分查找的基本思想是先排序列表元素，再将列表中间位置的元素与要查找的元素进行比较，如果两者相等，则查找成功。否则利用中间位置将列表分成前、后两个子列表，如果中间位置的元素大于要查找的元素，则进一步查找前一子列表，否则进一步查找后一子列表。重复以上过程，直到找到满足条件的元素，即查找成功；或直到子列表不存在为止，此时查找不成功。

程序代码：

```python
#在列表myList中查找数值为key的二分查找算法
def binary_search(myList,key):
    low = 0                    # low为在限定查找范围的左侧元素下标值
    high = len(myList) - 1     #high为在限定查找范围的右侧元素下标值
    while low <= high:
        mid = (high + low)//2  # mid为限定查找范围的中间位置下标值
        if myList[mid] == key:
            print('已找到数值', key, '在有序表第', mid, '个位置')
            return mid
        elif myList[mid] < key:
            low = mid + 1
        else:
            high = mid - 1
    print('没有找到数值', key)
    return -1
```

二分查找的优点是比较次数少,查找速度快,平均性能好;缺点是要求待查表为有序表。使用上面代码中的 binary-search 函数实现二分查找的程序代码:

```
list1 =[1,2,32,8,17,19,42,13,0]
list1.sort()
print('待查找有序表为',list1)
index1 = binary_search(list1,2)
index2 = binary_search(list1,29)
```

执行结果:

待查找有序表为 [0,1,2,8,13,17,19,32,42]
已找到数值 2 在有序表第 2 个位置
没有找到数值 29

【示例 7.2】排序。

分析:排序是计算机程序设计中的一种重要操作,实现将一个无序序列重新排列成一个有序序列。以下主要介绍常用的两种排序算法。

方法一:选择排序法。从列表第一个元素位置开始,找出列表的其他元素中最小(或最大)的数值,并和第一个元素进行位置互换,以此类推。

程序代码:

```
lt =[3,5,2,1,8,4]
n = len(lt)              #求出 lt 的长度,lt[x]在外层循环中代表 lt 中所有元素
for x in range(n -1):    #外层循环确定比较的轮数,x 是下标
    #内层循环开始比较
    for y in range(x +1,n):
        #lt[x]在 for y 循环中是代表特定的元素,lt[y]代表任意一个 lt 任意一个元素
        if lt[x] > lt[y]:
            #比较 lt[x]和 lt 列表中每一个元素,找出小的元素
            lt[x],lt[y] = lt[y],lt[x]
print(lt)
lt =[3,5,2,1,8,4]
```

方法二:冒泡排序法。从左到右,将列表中相邻的两个元素进行比较,将较大(或较小)的元素放到后面。

程序代码:

```
lt =[3,5,2,1,8,4]
n = len(lt)
for x in range(n -1):
    for y in range(n -1 -x):
        if lt[y] > lt[y +1]:
            lt[y],lt[y +1] = lt[y +1],lt[y]
print(lt)
```

选择排序法和冒泡排序法的区别：

1）冒泡排序是比较相邻位置的两个数，而选择排序是按顺序比较，找最大值或者最小值。

2）冒泡排序每一轮比较后，位置不对都需要换位置，选择排序每一轮比较只需要换一次位置。

3）冒泡排序是通过数去找位置，选择排序是给定位置去找数。

7.3 元组

元组是用一对圆括号括起来的一组数据，每一个数据称为一个元素，元素之间用逗号分隔，元素的类型可以是各种类型。元组和列表非常相似，主要区别：在形式上看，列表是用方括号把元素括起来；从功能上看，列表是可变序列类型，而元组是不可变序列类型。

1. 创建元组

可以通过使用圆括号"()"创建一个元组，并把括号里的每个元素用逗号进行分隔，或者使用内置函数 tuple(x) 来实现。元组中每个元素的类型可以是不同的数据类型，还可以是列表。创建元素的代码如下。

```
#元组的创建
Tuple1 = ( )       #创建空元组
Tuple2 = (50,)     #创建单元素元组,需在元素后面添加逗号,否则括号会被当作运算符使用
Tuple3 = 1,2,3,4,5  #缺省圆括号创建元组
Tuple4 = (123,4.56,'abc',True)   #创建不同类型元素的元组
Tuple1 = tuple()   #创建一个空元组
Tuple2 = tuple(range(5))   #以 range(5)创建一个元组
str1 = "Python"    #以字符串创建一个元组
Tuple3 = tuple(str1)
List1 = [1,2,3]
Tuple4 = tuple(List1) # 以列表创建一个元组
Tuple1 = tuple( 3 * x + 2 for x in range(5))     #缺省条件推导式创建元组
Tuple2 = tuple( 3 * x + 2 for x in range(5) if x% 2 = =1)   #带条件推导式创建元组
```

2. 元组的操作符

元组类型继承序列类型的特点，有一些通用的操作符运算，见表 7-5。

表 7-5　元组的操作符示例

调用格式	示例
+	>>>Tuple1 = (1,2,3) >>>Tuple2 = (2,5) >>>Tuple1 + Tuple2 (1,2,3,2,5)

(续)

调用格式	示例
+=	>>>Tuple1 = (1, 2, 3) >>>Tuple2 = (2, 5) >>>Tuple1 += Tuple2 >>>Tuple1 (1, 2, 3, 2, 5)
*	>>>Tuple2 = (2, 5) >>>Tuple2 * 3 (2, 5, 2, 5, 2, 5)
[ ]	>>>Tuple1 = (1, 2, 3, 2, 5) >>>Tuple1[2] 3
[::]	>>>Tuple1 = (1, 2, 3, 2, 5) >>>Tuple1[2:] (3, 2, 5) >>>Tuple1[1:5:2] (2, 2) >>>Tuple1[2:2] ()
访问二维元组元素	>>>Tuple1 = ((1, 2, 3),(4, 5, 6),(7, 8, 9)) >>>Tuple1[1] (4, 5, 6) >>>Tuple1[1][1] 5 >>>Tuple1[1][1:] (5, 6)

3. 元组的操作函数

元组类型继承序列类型特点，有一些通用的操作函数，见表7-6。

表7-6 元组的操作函数

调用格式	示例
len()	>>>Tuple1 = (0, 1, 2, 0, 3) >>>len(Tuple1) 5 >>>Tuple2 = ((1, 2, 3),(4, 5, 6)) >>>len(Tuple2) 2 >>>len(Tuple2[0]) 3

(续)

调用格式	示例
zip()	>>>Tuple1 = (0, 1, 2, -5, 3) >>>Tuple2 = (6, 4) >>>Tuple3 = tuple(zip(Tuple1,Tuple2))　　#打包成每个元素是元组的元组 >>>Tuple3 ((0, 6), (1, 4))
reversed ()	>>>Tuple1 = (0, 1, 2, -5, 3) >>>Tuple2 = tuple(reversed(Tuple1)) >>>Tuple2 (3, -5, 2, 1, 0)
max()	>>>Tuple1 = (0, 1, 2, -5, 3) >>>max(Tuple1) 3
sorted ()	>>>Tuple1 = (0, 1, 2, -5, 3) >>>Tuple2 = tuple(sorted (Tuple1))　　#默认升序 >>>Tuple2 (-5, 0, 1, 2, 3) >>>Tuple3 = tuple(sorted (Tuple1, reverse = True))　　#降序 >>>Tuple3 (3, 2, 1, 0, -5)
修改元组中可变元素的值	>>>Tuple1 = (1, [2, 3], -5, 3) >>>Tuple1[1][0] = 4 >>>Tuple1 (1, [4, 3], -5, 3)
向元组追加元素	>>>Tuple1 = (1, [2, 3], -5, 3) >>>Tuple1[1].append(5) >>>Tuple1 (1, [2, 3, 5], -5, 3)
用关键字 del 删除元组	>>>Tuple1 = (1, [2, 3], -5, 3) >>>del Tuple1　　#删除元组 Tuple1
遍历元组	>>>Tuple1 = (123, 456, 78, 90, 'a', 'b', 'c', True, 'de') >>>for x in Tuple1: 　　　print(x, end = "\t") 123　456　78　90　a　b　c　True　de

4. 元组的操作方法

Python 提供了元组的操作方法，见表 7-7，其中 Tuple 作为元组操作的通用表示。

表 7-7 元组的操作方法

调用格式	方法功能	示例
Tuple.count(obj)	统计某个元素 obj 在元组 Tuple 中出现的次数	>>>Tuple1 = (1, 2, 3, 2, 2) >>>Tuple1.count(2) 3
Tuple.index(obj)	从元组 Tuple 中找出元素 obj 第一个匹配项的索引位置	>>>x = ('H','e','l','l','o',' ','w','o','r','l','d') >>>x.index('l') 2

【示例 7.3】求最大值及索引。

求整数元组中元素的最大值及索引,元组元素由用户输入。

假设元组 Tuple1 中有 n 个元素,用 Max 表示这组整数中的最大数,k 表示最大数的索引。

算法思路:先认为第 1 个元素 Tuple1[0]最大,即 Max = Tuple1[0],并记录其索引 k = 0;然后将其他各数 Tuple1[i](i = 1, 2, …, n - 1)依次与当前最大数 Max 比较,如果 Tuple1[i] > Max,就将 Tuple1[i]记为当前最大数,并记录其索引。直到全部元素比较完毕,Max 就是这组数据中的最大数,k 就是最大数的索引。

程序代码:

```
Tuple1 = tuple(map(int,input("请输入一组整数,用空格分隔:").split()))
Max = Tuple1[0]
k = 0
n = len(Tuple1)
for i in range(1,n):
    if Tuple1[i] > Max:
        Max,k = Tuple1[i],i
print(f"最大值为:{Max},索引为:{k}")
```

7.4 集合

集合属于 Python 的无序、可变序列,集合中只能包含数字、字符串、元组等不可变类型的数据,而不能包含列表、字典、集合等可变类型的数据。同一集合中的元素具有唯一不重复性。

1. 创建集合

可通过使用花括号创建一个集合,并把花括号里每个元素采用逗号进行分隔的方式,或者通过内建函数 set( )和 frozenset( )来实现。

创建集合的代码如下。

```
#集合的创建
Set1 = {3,(6,8),3,"python"}    #直接创建可变集合
Set1 = set()    # 创建一个空集合
Set1 = set("python") #用字符串创建集合
Set1 = set([1,2,3,2,5])#用列表创建集合
Set1 = set((1,2,3,2,5))#用元组创建集合
Set1 = set(range(5))#用range()创建集合
Set1 = frozenset()    #创建一个不可变空集合
Set1 = frozenset("python") #用字符串创建不可变集合
Set1 = frozenset([1,2,3,2,5]) #用列表创建不可变集合
Set1 = frozenset((1,2,3,2,5))#用元组创建不可变集合
Set1 = frozenset(range(5))#用range()创建不可变集合
Set1 = {3*x+2 for x in range(5)}    #缺省条件推导式创建可变集合
Set2 = {3*x+2 for x in range(5) if x%2 ==1}    #带条件推导式创建可变集合
Set1 = frozenset(3*x+2 for x in range(5))    #缺省条件推导式创建不可变集合
Set2 = frozenset(3*x+2 for x in range(5) if x%2 ==1)    #带条件推导式创建不可变集合
Set1 = {3,(6,8),3,"python"}    #直接创建可变集合
```

2. 集合操作

由于集合中的元素无序，所以不支持索引、分片等操作。集合除支持序列部分通用操作外，还有自己专门的操作，如集合的并、交、差、对称差等。

表7-8列出了集合操作符和成员关系操作符，其中成员关系操作符的用法和序列类型中的成员关系操作符用法一样，不再赘述。此外，等价（不等价）、子集（真子集）、超集（真超集）等操作符是通过关系运算符实现的，本节也不再详细介绍。下面举例讲解并集、交集、差集和对称差分集操作符。

表7-8 集合操作符和成员关系操作符

Python 符号	示例	说明
in	x in s	x是集合s的成员
not in	x not in s	x不是集合s的成员
==	A==B	集合A等价集合B
!=	A!=B	集合A不等价集合B
<	A<B	集合A是集合B的子集
<=	A<=B	集合A是集合B的真子集
>	A>B	集合A是集合B的超集
>=	A>=B	集合A是集合B的真超集
&	A&B	集合A与集合B的交集
|	A|B	集合A与集合B的并集
-	A-B	集合A与集合B的差集
^	A^B	集合A与集合B的对称差分生成新的集合，该集合中的元素只能属于集合A或者集合B，不能同时属于两个集合

（1）并集（|）

两个集合 a 和 b 的并操作，即 a|b，将会产生一个新集合，该集合中的元素要么属于集合 a，要么属于集合 b，或者既属于集合 a 又属于集合 b。

（2）交集（&）

两个集合 a 和 b 的交操作，即 a&b，产生一个新集合，该集合中的元素既属于集合 a，又属于集合 b。

（3）差集（-）

两个集合 a 和 b 的差（也叫相对补）操作，即 a-b，将会产生一个新集合，该集合中的元素属于集合 a 且不属于集合 b。

（4）对称差分集（^）

两个集合 a 和 b 的对分差分操作，即 a^b，将会产生一个新集合，该集合中的元素要么仅属于集合 a，要么仅属于集合 b。

【示例 7.4】集合操作符的使用。

```
>>>a = set('abracadabra')
>>>b = set('alacazam')
>>>a
{'b','r','d','a','c'}
>>>b
{'l','z','m','a','c'}
>>>a | b                    # 并集即集合 a 或 b 中包含的所有元素
{'l','b','r','d','z','m','a','c'}
>>>a & b                    # 交集即集合 a 和 b 中都包含了的元素
>>>a - b                    # 差集即集合 a 中包含而集合 b 中不包含的元素
{'b','r','d'}
>>>a^b                      # 对称差分集即不同时包含于 a 和 b 的元素
{'z','l','b','m','r','d'}
```

3. 常用集合内建函数

表 7-9 列出了集合对象的常用内建函数，其中 s 是集合对象的通用表示。

表 7-9 集合对象的常用内建函数

方法	等价操作符	描述
s.add(obj)		将 obj 对象添加到集合 s 中
s.remove(obj)		从集合 s 中删除 obj 对象，若 obj 对象不在 s 中，抛出 KeyError 异常
s.discard(obj)		从集合 s 中删除 obj 对象，即使 obj 对象不在 s 中，也不抛出 KeyError 异常

(续)

方法	等价操作符	描述
s.pop()		删除集合s中的任意一个元素并将该元素返回
s.clear()		删除集合s中的所有元素
s.copy()		函数返回集合s的副本
s.issubset(t)	s <= t	如果s是t的子集，则返回true，否则返回false
s.issuperset(t)	s >= t	如果s是t的超集，则返回true，否则返回false
s.union(t)	s | t	函数返回集合s和t的并集
s.intersection(t)	s & t	函数返回集合s和t的交集
s.difference(t)	s - t	函数返回集合s和t的差集
s.symmetric_difference(t)	s ^ t	函数返回集合s和t的对称差分集
s.update(t)	s |= t	将t中的元素添加到集合s中
s.intersection_update(t)	s &= t	更新集合s，使集合s中的元素仅属于集合s和t的共同元素
s.difference_update(t)	s &= t	更新集合s，使集合s中的元素仅属于集合s而不属于集合t
s.symmetric_difference_update(t)	s ^= t	更新集合s，使集合s中的元素仅属于集合或仅属于集合t

下面举例讲解其中一些函数。

【示例7.5】 集合对象常用内建函数。

（1） add()

功能：添加对象。

用法：s.add(obj)

说明：将对象obj添加到集合s中，如果obj已存在，则不进行任何操作。

例如：

```
>>>thisset = set(("Google", "Baidu", "Sogou"))
>>>thisset.add("Facebook")
>>>print(thisset)
{'Sogou','Facebook','Google','Baidu'}
```

（2） update()

功能：添加对象。

用法：s.update(t)

说明：添加对象t到集合s中，参数t可以有多个，可以是列表，元组，字典等。

例如：

```
>>>thisset = set(("Google", "Baidu", "Sogou"))
>>>thisset.update({"Facebook"},[1,3])
>>>print(thisset)
{1,'Sogou',3,'Baidu','Google','Facebook'}
```

可以看到，update( )将多个不同类型的对象成功添加到了集合 thisset。

(3) copy( )

功能：用于拷贝一个集合。

用法：s. copy( )

例如：

```
>>>fruits = {"apple", "banana", "cherry"}
>>>x = fruits.copy()
>>>print(x)
{'banana', 'cherry', 'apple'}
```

可以看到，copy( )成功将 fruits 中的所有元素复制给集合 x。

(4) remove( )

功能：删除对象。

用法：s. remove(t)

说明：从集合 s 中移除元素 t，如果元素 t 不存在，则会发生错误。

```
>>>thisset = set(("Google", "Baidu", "Sogou"))
>>>thisset.remove("Baidu")
>>>print(thisset)
{'Sogou', 'Google'}
>>>thisset.remove("FireFox")
Traceback (most recent call last):
  File "<input>", line 1, in <module>
KeyError: 'FireFox'
```

(5) discard( )

功能：删除对象。

用法：s. discard(t)

说明：从集合 s 中移除元素 t，且如果元素 t 不存在，也不会发生错误。

```
>>>thisset = set(("Google", "Baidu", "Sogou"))
>>>thisset.discard("FireFox")
>>>print(thisset)
{'Sogou', 'Google', 'Baidu'}
```

(6) pop( )

功能：随机删除集合中的一个元素，并将该元素返回。

用法：s. pop( )

说明：从集合 s 中随机删除集合中的一个元素。

```
>>>thisset = set(("Google", "Baidu", "Sogou"))
>>>thisset.pop()
'Sogou'
>>>print(thisset)
{'Google','Baidu'}
```

(7) clear( )

功能：删除集合中的所有元素。

用法：s.clear( )

```
>>>thisset = set(("Google", "Baidu", "Sogou"))
>>>thisset.clear( )
>>>print(thisset)
set()
```

【示例7.6】集合对象的并、交、差等内建函数。

```
>>>a = set('abracadabra')
>>>b = set('alacazam')
>>>a
{'b','r','d','a','c'}
>>>b
{'l','z','m','a','c'}
>>>a.union(b)              #通过union( )函数实现两集合的并操作
{'l','b','r','d','z','m','a','c'}
>>>a.intersection(b)       #通过intersection( )函数实现两集合的交操作
{'a','c'}
>>>a.difference(b)         #通过difference( )函数实现两集合的差操作
{'b','r','d'}
>>>a.symmetric_difference(b)#通过symmetric_difference( )函数实现两集合的对称差
分集操作
{'z','l','b','m','r','d'}
```

可以看到，通过函数和通过操作符实现集合间的并集、交集、差集和对称差分集的操作是一样的。

【课堂实践7.1】

定义两个集合num1_set = {1, 2, 3, 4, 5, 6} 和 num2_set = {2, 4, 6}，使用函数和操作符的方式判断这两个集合，哪个是另外一个的子集，哪个是另外一个的超集，并且同样使用函数和操作符的方式求出它们的交集、并集、差集和对称差分集。

4. 应用实例

【示例 7.7】 遍历集合。

由于集合中的元素无序，所以无法获取某个指定的元素，只能遍历整个集合访问所有元素，举例如下。

```
stu_set = {"yehua","zhangsong","ligang"}
print("集合共有 " + str(len(stu_set)) + "个元素:")   #len(stu_set)获取集合的元素个数
for element in stu_set:                              #遍历集合
    print(element)
```

执行结果为：

```
集合共有 3 个元素：
yehua
zhangsong
ligang
```

【示例 7.8】 求公约数。

对用户输入的两个正整数，求这两个正整数的所有公约数。比如，正整数 6 的约数有 1，2，3，6，正整数 8 的约数有 1，2，4，8，则正整数 6 和 8 的公约数为 1 和 2。

算法思路：设输入的两个正整数分别是 Int1、Int2，由于两个正整数的公约数一定在 [1, min(Int1, Int2)] 范围内，所以，设置一个集合 Set1，初值为 {1}，用来存放公约数。用 [2, min(Int1, Int2)] 范围内的每一个数 k 去除 Int1 和 Int2，如果均能整除，k 就是公约数，将 k 添加到集合 Set1 中，最后输出 Set1 中的元素即可。

程序代码：

```
Int1,Int2 = map(int,input("请输入两个正整数,用空格分隔:").split())
Set1 = {1}
for k in range(2,min(Int1,Int2)+1):
    if Int1 % k == 0 and Int2 % k == 0:
        Set1.add(k)
print(f"正整数{Int1}与{Int2}的公约数有:",end = " ")
for k in Set1:
    print(k,"\t",end = "")
```

7.5 字典

字典是用一对花括号括起来的键值对（key，value）的集合，每个键值对是一个元素，元素之间用逗号分隔。键必须是唯一的不可变的类型，如字符串、整型、元组（元素不包含可变数据类型）都可作为字典的键；值可以是任何类型，包括可变类型。

字典是无序的可变序列，可存储任意多个键值对。字典中的每个元素不能通过索引、切片等来访问，只能通过键来访问对应的值；键是唯一的，一个键只能对应一个值，但多个键可以对应相同的值。

1. 创建字典

可通过使用花括号创建一个字典，并把花括号里每一个键值对用逗号进行分隔，键值对中间用冒号隔开。此外，通过内建函数 dict( ) 和 fromkeys( ) 也可以创建一个字典。dict( ) 函数接收以 (key，value) 形式的列表或元组。使用 fromkeys( ) 函数可以创建一个"默认"字典，字典中键对应的值都相同，如果没有指定值，默认为 None。

创建字典的代码如下。

```
#字典的创建
stu_dict={1801:"yehua",1802:"zhangsong",1803:"ligang"}
#字义含有三个键值对的字典(键的类型为整数,值为对应的字符串)
tea_dict={"J001":"xiaozhang","P002":"chuzhang","D002":"kezhang"}    #字典的键和值都为字符串
stu_dict=dict([(1801,"yehua"),(1802,"zhangsong"),(1803,"ligang")])
stu_dict={}.fromkeys((1801,1802,1803))
#不指定value值,通过内建函数fromkeys( )创建字典
tea_dict={}.fromkeys(("J001","P002","D002"),"facult")
#指定value值为"facult"
```

2. 字典操作常用方法

Python 提供了字典对象的专用方法对字典进行操作。表 7 – 10 给出了字典操作常用方法，其中 Dict 是字典对象的通用表示。

表 7 – 10　字典操作常用方法

调用格式	方法功能	示例
Dict.clear()	删除字典 Dict 中所有元素	>>>Dict1 ={'one': 1,'two': 2,'three': 3} >>>Dict1.clear() >>>Dict1 { }
Dict.copy()	返回字典 Dict 的一个副本	>>>Dict1 ={'one': 1,'two': 2,'three': 3} >>>Dict2 = Dict1.copy() >>>Dict2 {'one': 1,'two': 2,'three': 3}
Dict.get(key[, default])	获取键 key 的值，如果键 key 在字典 Dict 中，返回键 key 对应的值，否则返回 default，default 的默认值为 None	>>>Dict1 ={'one': 1,'two': 2,'three': 3} >>>Dict1.get('two') 2 >>>Dict1.get('four',4) 4

(续)

调用格式	方法功能	示例
Dict.items()	获取以元组为元素的列表，元组由字典 Dict 中的键值对组成	>>>Dict1 = {'one':1,'two':2,'three':3} >>>Dict1.items() dict_items([('one', 1), ('two', 2), ('three', 3)])
Dict.keys()	获取字典 Dict 中以键为元素的列表	>>>Dict1 = {'one':1,'two':2,'three':3} >>>Dict1.keys() dict_keys(['one','two','three'])
Dict.pop(key[, default])	删除字典 Dict 中键为 key 的元素，并返回该键对应的值。如果键 key 不在字典 Dict 中，则返回指定值 default，若未指定 default，则给出 KeyError 异常	>>>Dict1 = {'one':1,'two':2,'three':3} >>>Dict1.pop('two') 2 >>>Dict1 {'one':1,'three':3}
Dict.popitem()	删除字典 Dict 中的一个元素，并返回被删除元素键值对组成的元组。如果字典 Dict 为空，则给出 KeyError 异常	>>>Dict1 = {'one':1,'two':2,'three':3} >>>Dict1.popitem() ('three', 3) >>>Dict1 {'one':1,'two':2}
Dict.setdefault(key[, default])	向字典 Dict 中添加元素。若指定键 key 在字典中不存在，则向字典 Dict 添加元素 key:default，并返回 defaul，defaul 默认值为 None；若指定键 key 在字典中存在，则返回该元素的值，添加元素失败	>>>Dict1 = {'one':1,'two':2,'three':3} >>>Dict1.setdefault('four',4) 4 >>>Dict1 {'one':1,'two':2,'three':3,'four':4} >>>Dict1.setdefault('two',4) 2 >>>Dict1 {'one':1,'two':2,'three':3,'four':4}
Dict.update([other])	把字典 other 中的所有元素添加到字典 Dict 中。如果 other 中元素的键与 Dict 中元素的键相同，则覆盖 Dict 中的元素	>>>Dict1 = {'one':1,'two':2,'three':3} >>>Dict2 = {'three':6,'four':4,'five':5} >>>Dict1.update(Dict2) >>>Dict1 {'one':1,'two':2,'three':6,'four':4,'five':5}
Dict.values()	获取由字典 Dict 中各元素的值组成的列表	>>>Dict1 = {'one':1,'two':2,'three':3} >>>Dict1.values() dict_values([1, 2, 3])

3. 应用实例

【示例 7.9】 求输入日期是这一年的第几天。

设用户输入的日期是 Year 年 Month 月 Day 日，定义一个变量 Days 用来存放总的天数。由于一年中除 2 月可能是 28 天也可能是 29 天，其他每个月的天数是一定的，月份与天数之间存在对应关系，可以用字典类型来解决。以月份为键，天数为值，构造一个字典如下：Dict1 = {1:31,2:[28,29],3:31,4:30,5:31,6:30,7:31,8:31,9:30,10:31,11:30,12:31}。

算法思路：变量 Days 的初值设为 Day，从 1 月到 Month – 1 月将各月 m 的天数 Dict1[m] 加到 Days 中，如果 m = =2 并且 Year 是闰年，将 Dict1[m][1] 加到 Days 中；如果 m ==2 并且 Year 不是闰年，将 Dict1[m][0] 加到 Days 中，Days 中的值就是所求的结果。

程序代码：

```
Year,Month,Day = map(int,input( "请输入年月日,用空格分隔:").split())
Dict1 = {1:31,2:[28,29],3:31,4:30,5:31,6:30,7:31,8:31,9:30,10:31,11:30,12:31}
Days = Day
for m in range(1,Month):
    if m = =2 and (Year % 4 = =0 and Year % 100 ! =0 or Year % 400 = =0):
        Days + = Dict1[m][1]
    elif m = =2:
        Days + = Dict1[m][0]
    else:
        Days + = Dict1[m]
print(f"{Year}年{Month}月{Day}日是这一年的第{Days}天。")
```

【课堂实践 7.2】
求从用户输入的日期距离年底还有多少天。

7.6 实例解析：简易系统登录程序

（1）问题描述

设计某系统登录程序，如果用户输入的账号是已注册账号，要求输入密码；若密码输入正确给出"登录成功"的信息；若连续三次密码输入错误，给出相应信息；如果输入的账号不是已注册账号，给出"请注册"等信息。

（2）问题分析解决

系统中每个用户都有账号和密码，账号和密码存在对应关系，可以使用字典类型，将已注册用户以账号为键、密码为值，构造字典 Dict1 = {'zhangsan':'123456','lisi':'000000','wangwu':'654321','zhaoliu':'111111'}。用 Username 表示用户输入的账号，用 Password 表示用户输入的密码。

对用户输入的账号，判断其是否是字典 Dict1 中的键，若不是，给出"请注册"等信息；若是，通过循环要求用户输入密码，如果 Password = = Dict1[Username]，即密码输入正确，给出"登录成功"的信息，否则要求重新输入。

根据问题描述和算法设计，编写如下 Python 程序代码：

```
#Login.py
print("欢迎来到 XXX 系统,请登录:")
Dict1 = {'zhangsan':'123456','lisi':'000000','wangwu':'654321','zhaoliu':'111111'}
Username = input("请输入账号:")
if Username in Dict1:
    for i in range(3):
        Password = input("请输入密码:")
        if Password = = Dict1[Username]:
            print("登录成功!")
            break
        elif i < 2:
            print("密码错误,请重新输入!")
        else:
            print("已三次密码错误,请注册!")
else:
    print("您不是注册用户,请注册。")
```

将上述程序保存为文件 Login. py,在 PyCharm 集成开发环境中运行该程序。输入登录密码,程序运行结果如下。

```
欢迎来到 XXX 系统,请登录:
请输入账号:zhangsan
请输入密码:123
密码错误,请重新输入!
请输入密码:123456
登录成功!
```

习题7

一、单项选择题

1. 以下关于列表和字符串的描述,错误的是( )。
   A. 列表使用正向递增序号和反向递减序号的索引体系
   B. 列表是一个可以修改数据项的序列类型
   C. 字符和列表均支持成员关系操作符和长度计算函数
   D. 字符串是单一字符的无序组合

2. 关于 Python 的列表,描述错误的选项是( )。
   A. Python 列表是包含 0 个或者多个对象引用的有序序列
   B. Python 列表用中括号 [ ] 表示
   C. Python 列表是一个可以修改数据项的序列类型
   D. Python 列表的长度不可变

3. 以下关于列表操作的描述，错误的是（　　）。

   A. 通过 append 方法可以向列表添加元素

   B. 通过 extend 方法可以将另一个列表中的元素逐一添加到列表中

   C. 通过 insert(index，object) 方法在指定位置 index 前插入元素 object

   D. 通过 add 方法可以向列表添加元素

4. 已知以下程序段，要想输出结果为 1，2，3，应该使用的表达式是（　　）。

   ```
   x=[1,2,3]
   z=[]
   for y in x:
       z.append(str(y))
   ```

   A. print（z）　　　　　　　　　B. print（",". join（x））

   C. print（x）　　　　　　　　　D. print（",". join（z））

5. 给出如下代码：

   ```
   import random as ran
   listV=[]
   ran.seed(100)
   for i in range(10):
       i=ran.randint(100,999)
       listV.append(i)
   ```

   以下选项中能输出随机列表元素最大值的是（　　）。

   A. print(listV. max( ))　　　　B. print(listV. pop(i))

   C. print(max(listV))　　　　　D. print(listV. reverse(i))

6. 关于 Python 的元组类型，以下选项错误的是（　　）。

   A. 元组中元素必须是相同类型

   B. 元组一旦创建就不能被修改

   C. 一个元组可以作为另一个元组的元素，可以采用多级索引获取信息

   D. 元组采用逗号和圆括号来表示

7. 元组变量 t =（" cat"," dog"," tiger"," human"），那么 t[::-1] 的结果是（　　）。

   A. {'human','tiger','dog','cat'}

   B. ['human','tiger','dog','cat']

   C. 运行出错

   D. ('human','tiger','dog','cat')

8. s 是序列，下面选项中对 s. index(x)的描述正确的是（　　）。

   A. 返回序列 s 中序号为 x 的元素

   B. 返回序列 s 中 x 的长度

C. 返回序列 s 中元素 x 所有出现位置的序号

D. 返回序列 s 中元素 x 第一次出现的序号

9. 以下不是 Python 序列类型的是（　　）。
   A. 列表类型　　　　　　　　B. 字符串类型
   C. 元组类型　　　　　　　　D. 数组类型

10. 下列函数中，用于返回元组中元素最大值的是（　　）。
    A. len　　　　　　　　　　B. max
    C. min　　　　　　　　　　D. tuple

11. 以下关于组合数据类型的描述，错误的是（　　）。
    A. 集合类型是一种具体的数据类型
    B. 序列类似和映射类型都是一类数据类型的总称
    C. Python 的集合类型跟数学中的集合概念一致，都是多个数据项的无序组合
    D. 字典类型的键可以用的数据类型包括字符串、元组、以及列表

12. S 和 T 是两个集合，下面选项中，（　　）对 S^T 的描述是正确的。
    A. S 和 T 的并运算，包括在集合 S 和 T 中的所有元素
    B. S 和 T 的交运算，包括同时在集合 S 和 T 中的元素
    C. S 和 T 的差运算，包括在集合 S 但不在 T 中的元素
    D. S 和 T 的补运算，包括集合 S 和 T 中的非相同元素

13. 以下表达式中，正确定义了一个集合数据对象的是（　　）。
    A. x = {200,'flg',20.3}　　　B. x = (200,'flg',20.3)
    C. x = [200,'flg',20.3]　　　D. x = {'flg':20.3}

14. 以下程序的输出结果是（　　）。

    ```
    ss = list(set("jzzszyj"))
    ss.sort()
    print(ss)
    ```

    A. ['z','j','s','y']　　　　　　B. ['j','s','y','z']
    C. ['j','z','z','s','z','y','j']　　D. ['j','j','s','y','z','z','z']

15. 以下程序的输出结果是（　　）。

    ```
    ss = set("htslbht")
    sorted(ss)
    for i in ss:
        print(i,end='')
    ```

    A. htslbht　　B. hlbst　　C. tsblh　　D. hhlstt

16. 以下关于字典类型的描述，正确的是（　　）。
    A. 字典类型可迭代，即字典的值还可以是字典类型的对象

B. 表达式 for x in d：中，假设 d 是字典，则 x 是字典中的键值对

C. 字典类型的键可以是列表和其他数据类型

D. 字典类型的值可以是任意数据类型的对象

17. 以下选项中，不是建立字典的方式是（   ）。

    A. d = {[1,2]:1, [3,4]:3}　　　　B. d = {(1,2):1, (3,4):3}

    C. d = {'张三':1, '李四':2}　　　　D. d = {1:[1,2], 3:[3,4]}

18. 给定字典 d，以下选项对 d. values( )的描述是正确的。

    A. 返回一种 dict_ values 类型，包括字典 d 中所有值

    B. 返回一个集合类型，包括字典 d 中所有值

    C. 返回一个列表类型，包括字典 d 中所有值

    D. 返回一个元组类型，包括字典 d 中所有值

二、知识填空题

1. 在列表中查找元素时可使用_____运算符，如果要从小到大排列列表的元素，可使用_____方法。

2. _____方法用于生成一个新列表，复制 ls 的所有元素；_____方法用于列表 ls 的所有元素反转；_____在 ls 最后增加一个元素。

3. 语句 listV = list(range(5)) print(2 in listV)的输出结果是_____，语句 a = [5,1,3,4] print(sorted(a,reverse = True))的输出结果是_____。

4. 语句 s = ["seashell","gold","pink","brown","purple","tomato"] print(s[4:])的输出结果是_____。

5. Python 序列中的可变数据类型有_____，不可变数据类型有_____。

6. 任意长度的 Python 列表、元组和字符串中，最后一个元素的下标为_____。

7. Python 内置函数_____可以返回列表、元组、字典、集合、字符串以及 range 对象中元素个数；_____用来返回数值型序列中所有元素之和。

8. 语句 x = (3,) 执行后，x 的值为_____，是_____类型数据；语句 x = (3) 执行后，x 的值为_____，是_____类型数据结构。

9. 语句 tuple(reversed(("cat","dog","tiger","human")))执行后的结果是_____。

10. Python 中的可变数据类型有_____和_____。

11. 集合是一种_____元素集。

12. 集合中的元素要求是_____。

13. 集合的基本用途包括_____和_____。

14. 求集合并集、交集和差集的方法是：_____、_____、_____。

15. 字典 d = {'a': 1, 'b': 2, 'b': '3'}，当执行 print(d['b'])后，输出结果为_____。

16. 假设将单词保存在变量 word 中，使用一个字典类型 counts = {}，统计单词出现的次数可采用语句_____。

17. 关于字典操作的内置方法中，_____方法可以获取字典的值视图。

18. 字典 d = {'Name': 'Kate', 'No': '1001', 'Age': '20'}，表达式 len(d)的值为_____。

19. 字典 dict = {'Name':'baby','Age':7}，当执行 print(dict.items()) 后，输出结果为_____。

三、程序阅读题

1. 以下程序的输出结果是_____。

```
dat = ['1','2','3','0','0','0']
for item in dat:
    if item == '0':
        dat.remove(item)
print(dat)
```

2. 以下程序的输出结果是_____。

```
list = [10,23,66,26,35,1,76,88,58]
list.reverse()
print(list[3])
list.sort()
print(list[3])
```

3. 以下程序的功能是_____。

```
x = list(range(20))
for index, value in enumerate(x):
    if value == 3:
        x[index] = 5
```

四、程序设计题

1. 假设列表存储了奇数个数字，试编写程序输出中间位置的数字。

2. 编写程序，用户输入一个列表和两个整数作为下标，然后输出列表中介于2个下标之间的元素组成的子列表。例如用户输入 [1,2,3,4,5,6] 和2,5，程序输出 [3,4,5,6]。

3. 编写程序，生成一个包含20个随机整数的列表，然后对其中偶数下标的元素进行降序排列，奇数下标的元素不变。

4. 编写程序实现删除列表重复元素的功能。

5. 编写程序实现删除列表中的素数的功能。

6. 编写程序，生成包含1000个0~100的随机整数，并统计每个元素的出现次数。

7. 编写程序使用字典存储学生信息，学生信息包含了学号和姓名，并按照学号从小到大的顺序输出学生信息。

8. 已知一个字典包含若干员工信息（姓名和性别），编写程序删除性别为女的员工信息。

第8章
文件和数据格式化

文件是存储在辅助存储器上的一组数据序列,可以包含任何数据内容。

8.1 文件的使用

1. 文件的类型

从文件的编码方式来分,文件主要有文本文件和二进制文件两种。文本文件是基于字符编码的文件,最常见的有 ASCII 编码和 Unicode 编码等,可以用文本处理软件进行编辑。二进制文件按照二进制的编码方式存放数据内容,可显示但一般内容难懂,不可以用文字处理软件修改,不过该类文件占用内存少,读写效率高。在 Python 3 版本中,文件的默认编码格式是 UTF-8,字符串默认为 Unicode 编码,所有文本文件都是以字符的 Unicode 码值进行存储和编码的。

从文件的用户角度来分,文件主要有普通文件和设备文件两种。普通文件是指存储在磁盘等外部介质上的有序数据的文件。设备文件是指在操作系统中,将外部设备(如显示器、键盘等)作为文件进行管理,设备的输入输出就相当于普通文件的读写。通常,显示器是标准的设备输出文件,键盘是标准的设备输入文件。

2. 文件的打开和关闭

Python 通过 open() 函数打开一个文件,并返回一个操作该文件的变量,语法形式如下:

<变量名> = open(<文件路径及文件名>,<打开模式>)

open() 函数有两个参数:文件名和打开模式。文件名可以是文件的实际名字,也可以是包含完整路径的名字。打开模式用于控制使用何种方式打开文件,open() 函数提供了 8 种基本的打开模式,见表 8-1。

表 8-1 文件打开模式

打开模式	说明
'r'	以只读方式打开文件(默认),文件的指针在文件的开头
'w'	以写入方式打开文件。若该文件已存在,则覆盖原文件;若该文件不存在,则创建新文件
'x'	创建一个新文件,并且以写入方式打开文件。若文件已存在,使用该模式将引发异常,报错 FileExistsError

(续)

打开模式	说明
'a'	以写入方式打开文件。若该文件已存在,文件的指针在文件的末尾,新追加写入的内容将会被写入到已有内容之后,即写入内容追加在文件的末尾;若该文件不存在,则创建一个新文件并写入
'b'	以二进制模式打开文件
't'	以文本模式打开文件(默认)
'+'	以修改方式打开文件,可读可写。可以与其他模式结合使用。
'U'	支持通用换行符(正在被弃用,不建议使用)

一般来说,文件以文本模式打开,文件中写入或者读取的都是字符串,默认使用 UTF-8 编码保存在文件中。若以二进制模式打开文件,文件中写入或者读取的是字节形式的数据,这种模式常用于图像或视频类的非文本文件。

【示例 8.1】 ftest = open("filetest.txt","wb")。

打开文件 filetest.txt,指定其打开文件模式为"wb",即以二进制、写入的方式打开文件,若该文件已经存在,则新写入的内容覆盖原文件内容,若该文件不存在,则创建新文件 filetest.txt。文件打开后,也为该文件创建了文件对象 ftest。

使用多种模式结合的方式打开文件,进行读写等操作。open()函数成功打开文件后,返回一个文件对象,可读取或修改该文件对象。

【示例 8.2】 使用 rb 方式打开文件。

```
#在 Python 的根目录下建立 test_rb.txt 文件
f_rb = open("test_rb.txt","rb")    #以 rb 方式打开 test_rb.txt 文件
print(f"Name of File:{f_rb.name}")    #查看打开的文件名是否为 test_rb.txt
```

执行结果为:

```
Name of File:test_rb.txt
```

示例 8.2 中使用'rb'打开文件 test_rb.txt,即以二进制、只读方式打开该文件,并且创建了文件对象 f_rb,文件指针在文件的开头。通过文件对象 f_rb 的 name 属性,可查看文件对象的文件名。

【示例 8.3】 使用 ab + 方式打开文件。

```
#在 Python 的根目录下建立 test_abp.txt 文件
f_abp = open("test_abp.txt","ab+")#以 ab+方式打开 test_abp.txt 文件
print(f"Mode:{f_abp.mode}")    #查看文件的打开方式
```

执行结果为:

```
Mode:ab+
```

示例 8.3 在 'ab+' 模式下，以二进制方式打开文件 test_abp.txt，并且创建了文件对象 f_abp，该文件为可读可写方式。如果文件已经存在，则文件指针将会在文件的结尾，新写入的内容会追加到已有内容之后；如果文件不存在，则会创建新的文件。通过文件对象 f_abp 的 mode 属性，可查看文件的打开方式。

如果对打开的文件进行了写入操作，在完成写入后务必关闭文件，以免程序遭遇意外中断，导致缓存的数据没有写入文件。当然，即使没有对打开的文件进行任何写操作，也应该养成良好的编程习惯，及时关闭使用后的文件，释放文件缓存区占用的内存空间，避免文件对象占用过多系统资源，毕竟操作系统在同一时间能够打开的文件数量有限。在 Python 程序设计中，Python 内置的 close() 方法（close 是文件类的方法，可以理解为一种特殊函数，关于类和方法的概念将在第 9 章进行详细介绍）完成关闭文件，如示例 8.4 所示。

【示例 8.4】使用 close() 方法关闭文件。

```
#在 Python 的根目录下建立 test_close.txt 文件
f_close = open("test_close.txt")
print(f"Closed or Open:{f_close.closed}")    # 查看打开的文件是否为关闭状态
f_close.close()    #关闭文件
```

执行结果为：

```
False
```

示例 8.4 以文本方式打开文件 test_close.txt，并且创建了文件对象 f_close，该文件为可读方式。打开文件后，通过文件对象 f_close 的 closed 属性查看该文件对象的状态是打开还是关闭的，如果文件已经打开，则显示 False。在文件操作结束后，通过 close() 方法关闭该文件。

在文件关闭时，会自动刷新缓存区，将其中的数据写入文件。当然，如果在文件操作的过程中，想将缓存区的数据立即写入文件，可通过 flush() 方法来达到写文件数据并清空缓存区的目的。

对文件对象进行操作时，经常使用 with 语句来安全地关闭文件，如示例 8.5 所示。

【示例 8.5】

```
with open("filetest.txt") as ftest:
    ...
    print("Hello World!")
```

打开文件 filetest.txt，并为其创建了文件对象 ftest。执行完 print 语句后，跳出 with 语句，文件就已经自动关闭，编程者也不用担心文件没有关闭而无故消耗系统资源。

【示例 8.6】使用 with 语句关闭文件。

```
#在 Python 的根目录下建立 test_with.txt 文件
#查看 with 语句后文件的关闭状态
with open("test_with.txt") as f_with:
    print(f"Closed or Open with in:{f_with.closed}")
print(f"Closed or Open with in:{f_with.closed}")
```

执行结果为：

```
Closed or Open with in:False
Closed or Open with out:True
```

用 with 语句打开 test_with.txt 文件后，创建了文件对象 f_with。打开文件后，可以看到文件对象的 closed 属性为 False；在跳出 with 语句后，再查看文件对象的 closed 属性，已经为 True，可以发现 with 语句后文件已经自动关闭。

3. 文件的读写

根据打开方式不同，文件读写也会根据文本文件或二进制打开方式有所不同。表 8-2 给出了 Python 常用的文件读取方法，f 代表文件变量。

表 8-2　Python 常用的文件读取方法

方法	含义
f.read(size = -1)	从文件中读入整个文件内容。参数可选，如果给出，读入前 size 长度的字符串或字节流
f.readline(size = -1)	从文件中读入一行内容。参数可选，如果给出，读入该行前 size 长度的字符串或字节流
f.readlines(hint = -1)	从文件中读入所有行。以每行为元素形成一个列表，参数可选，如果给出，读入 hint 行
f.seek(offset)	改变当前文件操作指针的位置，offset 的值：0 代表文件开关，2 代表文件结尾

【示例 8.7】使用 read() 方法读取文件内容。

```
#从 Python 的根目录下打开 song.txt
f1 = open("song.txt")
f1_content = f1.read()
print(f1_content)     #显示文件内容
f1.close()    #关闭文件
```

执行结果为：

```
Twinkle twinkle little star,
How I wonder what you are,
Up above the world so high,
Like a diamond in the sky.
```

示例 8.7 读取了文件的内容，操作文件前，必须使用 open() 函数先打开文件，文件打开后，指针默认在文件的开头。打开文件后，用 read() 方法从文件开始读取出文件的内容，将内容存到变量 f1_content 中，因为没有指定 size 参数，该方法读取了文件中所有的内容。也可以在使用 read() 方法时指定 size 参数，如示例 8.8 所示。

【示例 8.8】使用带 size 参数的 read() 方法读取文件内容。

```
#从 Python 的根目录下打开 song.txt
f2 = open("song.txt")
f2_content = f2.read(6)    #使用 read()方法读取前 6 个字符
print(f2_content)   #显示读取内容
f2.close()   #关闭文件
```

执行结果为：

Twinkl

示例 8.8 使用 open() 函数打开文件后，指针默认在文件的开头。read() 方法通过 size 参数指定了读取 6 个字符的内容，读取的内容存储到变量 f2_content 中，因此，最后显示的结果为 "Twinkl"。

【示例 8.9】使用 readlines() 方法读取文件中的内容。

```
#从 Python 的根目录下打开 song.txt
f5 = open("song.txt")
#使用 readlines()方法读取文件中的每一行内容,并将其存储到列表
f5_list = f5.readlines()
print(f5_list)   #显示读取内容
f5.close()   #关闭文件
```

执行结果为：

['Twinkle twinkle little star,\n','How I wonder what you are,\n','Up above the world so high,\n','Like a diamond in the sky.']

文本文件 song.txt 中共有 4 行内容，每行后面有换行符 "\n"，因此，返回的列表中有 4 个元素，前 3 个元素以 "\n" 结尾。

表 8-3 给出了 Python 常用的文件写入方法，f 代表文件变量。

表 8-3 Python 常用的文件写入方法

方法	含义
f.write(s)	向文件写入一个字符串或字节流
f.writeline(lines)	将一个元素为字符串的列表整体写入文件

【示例 8.10】 使用 write(str) 方法写入文件。

```
#从 Python 的根目录下,以默认方式('rt')打开 song.txt
f8 = open("song.txt")
f8.write('Twinkle')    #将字符串'Twinkle'写入文件
f8.close()
```

执行结果为:

```
Traceback (most recent call last):
File "<stdin>", line 1, in <module>
io.UnsupportedOperation: not writable
```

示例 8.10 运行结果报错,原因是文件默认打开模式是只读,无法进行写入。因此,重新以 'w' 模式打开文件,即将示例 8.10 中的第 2 行修改为 f8 = open("song.txt","w"),重新运行示例 8.10,对文件进行写入,写入后的 song.txt 如图 8-1 所示。

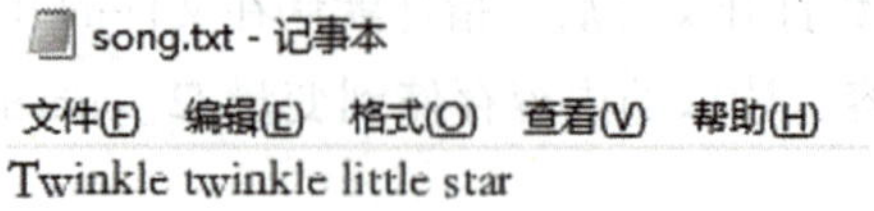

    📄 song.txt - 记事本
文件(F) 编辑(E) 格式(O) 查看(V) 帮助(H)
Twinkle twinkle little star

图 8-1 使用 'w' 模式写入后的 song.txt 文档内容

原 song.txt 文档中的内容全部清空,只有新写入的字符串 "Twinkle twinkle little star"。除 write() 外,也可以使用 writelines() 方法对文件进行写入,如示例 8.11 所示。

【示例 8.11】 ftest.writelines(['a','b','c','d','e'])。

示例 8.11 通过 writelines() 方法向文件对象 ftest 中写入 5 个字符:'a'、'b'、'c'、'd'、'e'。

【示例 8.12】 使用 writelines(seq) 方法写入文件。

```
#从 Python 的根目录下,以 'a' 模式打开 song.txt
f9 = open("song.txt","a")
f9.writelines(['How I wonder what you are \n','Up above the world so high \n','Like a diamond in the sky \n'])    #将字符串写入文件
f9.close()    #关闭文件
```

示例 8.12 以 'a' 模式打开文件,对文件进行写入,写入后的 song.txt 如图 8-2 所示,字符串序列成为写入文档中的每一行数据,追加写入在原 song.txt 文档的末尾。

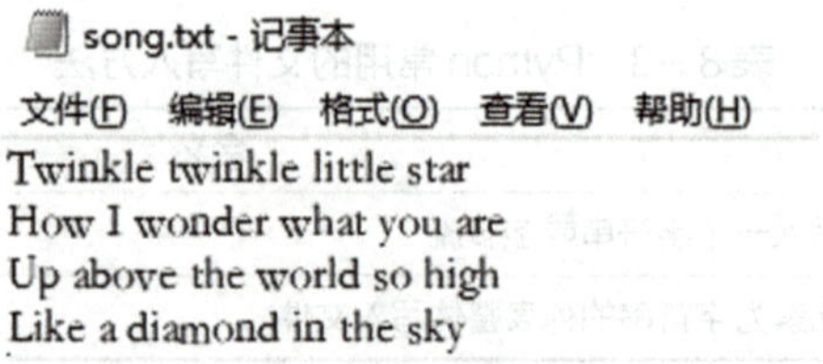

    📄 song.txt - 记事本
文件(F) 编辑(E) 格式(O) 查看(V) 帮助(H)
Twinkle twinkle little star
How I wonder what you are
Up above the world so high
Like a diamond in the sky

图 8-2 使用 'a' 模式写入后的 song.txt 文档内容

8.2 数据组织的维度

一组数据在被计算机处理前需要进行一定的组织,表明数据之间的基本关系和逻辑,进而形成"数据的维度"。根据数据的关系不同,数据组织可以分为:一维数据、二维数据和高维数据。

1. 一维数据

一维数据由对等关系的有序或无序数据构成,采用线性方式组织,对应于数学中的数组和集合等概念。例如,我国江苏省内城市列表即可表示为如下的一维数据:苏州、南京、无锡、南通、常州、徐州、扬州、盐城、泰州、镇江、淮安、宿迁、连云港。

一维数据具有线性特点,任何表现为序列或集合的内容都可看作一维数据。

一维数据是简单的数据组织类型,有多种存储格式,常用特殊字符分隔。

1)用一个或多个空格分隔,例如:中国　日本　美国　德国　法国　英国　意大利。

2)用逗号分隔,例如:中国,日本,美国,德国,法国,英国,意大利。

3)用其他符号或符号组合分隔,建议采用不出现在数据中的特殊符号,例如:中国;日本;美国;德国;法国;英国;意大利。

2. 二维数据

二维数据,也称表格数据,由关联关系数据构成,采用表格方式组织,对应于数学中的矩阵,常见的表格都属于二维数据,见表8-4。

表8-4　某年级某班的成绩

姓名	英语	计算机	数学	物理
张三	30	40	50	60
王五	40	50	60	70
李四	50	60	70	30

逗号分隔数值的存储格式叫作CSV(Comma-Separated Values)格式,如图8-3所示。

```
城市,环比,同比,定基
北京,101.5,120.7,121.4
上海,101.2,127.3,127.8
广州,101.3,119.4,120
深圳,102,140.9,145.5
沈阳,100.1,101.4,101.6
```

图8-3　CSV格式

CSV格式是一种通用的、相对简单的文件格式,在商业和科学上广泛应用,尤其应用在程序之间转移表格数据。

该格式的应用有一些基本规则,如下:

1）纯文本格式，通过单一编码表示字符。
2）以行为单位，开头不留空行，行之间没有空行。
3）每行表示一个一维数据，多行表示二维数据。
4）以逗号分隔每列数据，列数据为空时也要保留逗号。
5）可以包含或不包含列名，包含时列名放置在文件第一行。

CSV 格式存储的文件一般采用 .csv 为扩展名，可以通过 Windows 操作系统平台上的记事本或微软 Office Excel 工具打开，也可以在其他操作系统平台上用文本编辑工具打开。

CSV 文件的每一行是一维数据，可以使用 Python 中的列表类型表示。整个 CSV 文件是一个二维数据，由表示每一行的列表类型作为元素，组成一个二维列表。

对于列表中存储的二维数据，可以通过循环写入一维数据的方式写入 CSV 文件，参考代码样式如下：

```
for row in ls:
    <输出文件>.write(",".join(row) + "\n")
```

3. 高维数据

高维数据由键值对数据构成，采用对象方式组织，属于整合度更好的数据组织方式。高维数据在网络系统中十分常用，HTML、XML、JSON（Java Script Object Notation）等都是高维数据组织的语法结构。

与一维、二维数据不同，高维数据能展示数据间更为复杂的组织关系。为了保持灵活性，高维数据不采用任何结构形式，仅采用最基本的二元关系，即键值对。

JSON 格式可以对高维数据进行表达和存储。JSON 是一种轻量级的数据交换格式，易于阅读和理解。JSON 格式表达键值对 <key, value> 的基本格式如下，键值对都保存在双引号中:"key":"value"。

当多个键值对放在一起时，JSON 有如下约定：
1）数据保存在键值对中。
2）键值对之间由逗号分隔。
3）括号用于保存键值对数据组成的对象。
4）方括号用于保存键值对数据组成的数组。

JSON 格式文件如图 8-4 所示。

```
{
    "sites": [
    { "name":"菜鸟教程" , "url":"www.runoob.com" },
    { "name":"google" , "url":"www.google.com" },
    { "name":"微博" , "url":"www.weibo.com" }
    ]
}
```

图 8-4　JSON 格式文件

8.3 实例解析：对《三国演义》中的人物进行统计

（1）问题描述

《三国演义》是我国的经典著作，接下来通过对《三国演义》中人物出现的次数来评估作者对人物的喜爱程度。

（2）编写程序

根据问题描述编写如下 Python 程序代码：

```
#CaesarEncryption.py
print("三国演义人物出场次数:")
import jieba                    #jieba库的应用
import time                     #引入time库,计算程序运行的时间
start = time.perf_counter()
txt = open("三国演义.txt","r",encoding = "utf-8").read()
excludes = {"将军","却说","二人","后主","上马","不知","天子","大叫","众将","不可",
            "主公","蜀兵","只见","如何","商议","都督","一人","汉中","不敢","人马",
            "陛下","魏兵","天下","今日","左右","东吴","于是","荆州","不能","如此",
            "大喜","引兵","次日","军士","军马"}  #这些文字是多次程序运行所得
words = jieba.lcut(txt)
counts = {}
for word in words:
    if len(word) = =1:
        continue
    elif word = ="诸葛亮" or word = = "孔明曰":
        rword = "孔明"
    elif word = ="关公" or word = = "云长":
        rword = "关羽"
    elif word = ="玄德" or word = = "玄德曰":
        rword = "刘备"
    elif word = ="孟德" or word = = "丞相":
        rword = "曹操"         #把意思相同的归为同一个人
    else:
        rword = word
    counts[rword] = counts.get(rword,0) +1
for word in excludes:
    del counts[word]
items = list(counts.items())
items.sort(key = lambda x:x[1],reverse = True)
for i in range(10):
    word,count = items[i]
    print("{0:<10}{1:>5}次".format(word,count))
dur = time.perf_counter() - start
print("运行时间为{:.2f}s".format(dur))
print(" _____ ")
```

将上述程序保存为文件CaesarEncryption.py，在PyCharm集成开发环境中运行该程序。输入明文文本，程序运行结果如下。

```
三国演义人物出场次数：
Building prefix dict from the default dictionary ...
Loading model from cache C:\Users\ADMINI~1\AppData\Local\Temp\jieba.cache
Loading model cost 0.809 seconds.
Prefix dict has been built successfully.
曹操        733 次
刘备        569 次
关羽        532 次
吕布        304 次
孔明        243 次
周瑜        192 次
张飞        163 次
如果        157 次
我们        147 次
董卓        142 次
运行时间为1.45s
```

习题8

一、单项选择题

1. 在Python中可使用read（[size]）来读取文件中的数据，如果参数size省略，则读取文件中的（　　）。

   A. 什么也不去读取　　　　B. 一个字符
   C. 一行数据　　　　　　　D. 所有数据

2. 在Python中可使用readline（[size]）来读取文件中的数据，如果参数size省略，则读取文件中的（　　）。

   A. 什么也不去读取　　　　B. 一个字符
   C. 一行数据　　　　　　　D. 所有数据

3. 在Python中可使用readlines（[size]）来读取文件中的数据，返回的数据为（　　）。

   A. 列表　　B. 字符　　C. 字符串　　D. 对象

4. 在Python中可使用seek（offset）来移动文件指针，当offset为负值时，表示（　　）。

   A. 文件指针向文件末尾的方向移动
   B. 文件指针向文件头的方向移动

C. 文件指针不向任何地方移动

D. 文件指针直接移动到文件末尾

5. 在 Python 中对文件进行写入时，文件的打开模式必须为（　　）。

　　A. 'w'　　　B. 'a'　　　C. 'w' 或 'a'　　D. 'w+' 或 'a+'

6. 在 Python 中以默认方式打开文件，对文件进行写入字符串" abcde"，则（　　）。

　　A. 对原文件内容覆盖写入" abcde"

　　B. 对原文件内容追加写入" abcde"

　　C. 不对原文件做任何写入操作

　　D. 报错

7. 以下（　　）选项能够通过 writelines( ) 写入文件中。

　　A. ('0 \n', '1 \n', '2 \n', '3 \n', '4 \n')

　　B. ['5 \n', '6 \n', '7 \n', '8 \n', '9 \n']

　　C. '0 \n 1 \n 2 \n 3 \n 4 \n'

　　D. {'5 \n', '6 \n', '7 \n', '8 \n', '9 \n'}

8. 在 Python 中对文件读写和定位描述中，错误的选项是（　　）。

　　A. 在移动文件指针时，并不需要打开文件，只需对文件对象进行直接操作

　　B. 在对文件进行写入时，可使用 'w+' 模式打开文件

　　C. 在对文件进行读取时，可不指定文件打开模式

　　D. 可使用 tell( ) 获取文件指针的当前位置

二、知识填空题

1. 在 Python 中的 seek(offset, [whence]) 方法，默认 whence 为＿＿＿＿，该值为 0，表示文件指针的起始位置为＿＿＿＿；该值为 1，表示文件指针起始位置为＿＿＿＿；该值为 2，表示文件指针的起始位置为＿＿＿＿。起始位置不为 0 时，只有＿＿＿＿模式可以指定非 0 的 offset。

2. 在 Python 中，可使用＿＿＿＿方法实现一次性向文件中写入多行字符串。

3. 在 Python 中，通常有三种方法，分别是＿＿＿＿、＿＿＿＿、＿＿＿＿，来读取文本文件的内容。

三、程序填空题

1. 将字符串 'a1b2c3d4e5' 写入文本文件 file1.txt 中，并从文件中读取并打印。

```
with open("file1.txt","w") as f:
     ( 1 )
with( 2 )as f:
   print(f.read())
```

2. 从键盘输入一些字符串，逐个将这些字符串写入文件，直到输入'#'字符结束。

```
filename = input('input file:')
fobj = open(filename,'w')
st = ''
while( 1 )
       ( 2 )
   print(st)
   st = input('keyin str:')
fobj.close()
```

四、程序设计题

在 C 盘目录下创建文本文件 hello.txt，并向文件中写入字符串' Hello World!\n I like Python！'。

1）从文件中的第 7 个字符开始，读取 5 个字符。

2）将文本文件的内容中，所有的小写字母改为大写字母，重新写入到文件 hello_up.txt 中。

3）关闭所有的文件。打印出所有文件对象的关闭状态，确认是否关闭成功。

第9章 面向对象程序设计

9.1 面向对象

面向对象是现代大部分高级计算机语言都遵循的重要特性，是一种编程思想，即按照真实世界的思维方式编写程序，把事物的属性特征和行为方法放在一起，作为一个相互依存的整体，这个整体就是对象。对同类对象抽象出其共性，就形成了类。

如图9-1所示，左边的学生类是一个"类"，右边的同学一和同学二是"对象"。从图中可以看出，类是从对象的属性特征和行为方法中抽象处理的，而对象是类的实例化、具体化。同学一、同学二作为同一个类的对象，属性和行为的类别是相同的，但是具体的值或实现方式不同，例如学生类有"学号"属性，同学一、同学二作为学生类的对象，就会把这个属性实例化为具体的学号数值。

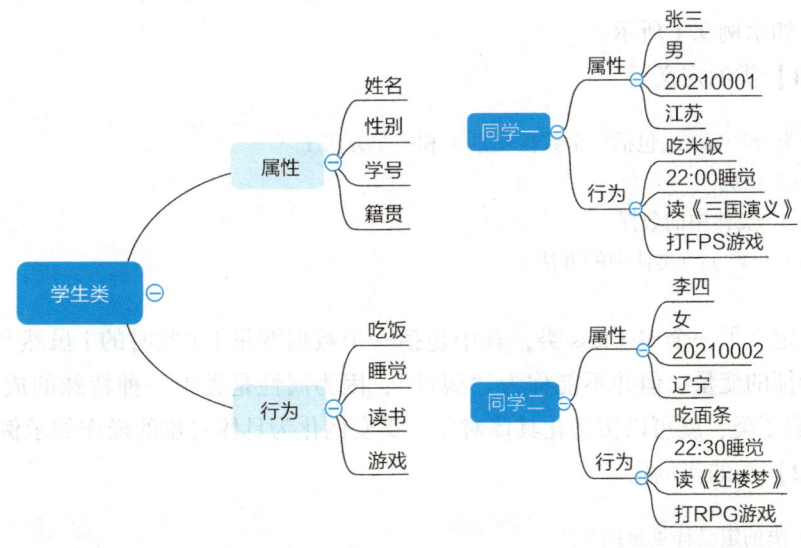

图9-1 类与对象

由于世间万物都可以被看作对象，有相同属性特征和行为方法的事物都可以抽象出类，所以面向对象的编程思想是现在最主流的编程思想。

9.2 面向对象的基础

1. 定义类

类的定义形式如图 9-2 所示。

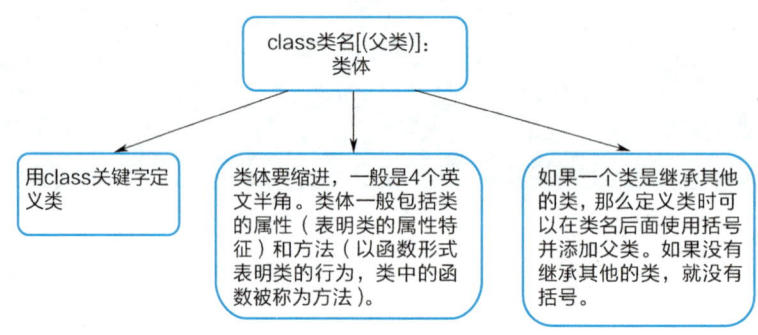

图 9-2 类的定义形式

说明：

1) Python 中以 class 关键字定义类，后面接类名，类名尽量做到"见名知意"。

2) 如果一个类是继承其他的类，那么定义类时可以在类名后面使用括号并添加父类。如果没有继承其他的类，就没有括号。

3) 即使不适用括号（也就是不特地说明继承自哪个父类）Python 的类也会默认继承自 object 类，object 类是 Python 所有类的父类，任何类都是间接或直接继承自 object 类。

4) 类体要缩进，一般是 4 个英文半角。

5) 类体一般包括类的属性（表明类的属性特征）和方法（以函数形式表明类的行为，类中的函数被称为方法），所以属性和方法的命名也要做到"见名知意"。

类的定义如示例 9.1 所示。

【示例 9.1】类的定义。

```
#定义一个类 MyClass,包括一个数据变量 i 和一个方法 f
class MyClass:
    i =123 #类体中的数据
    def f(self): #类体中的方法
```

示例 9.1 定义了一个 MyClass 类，其中包括一个数据变量 i（此时的 i 虽然是 MyClass 类中表示属性特征的变量，但并不能称为"属性"，因为属性是类中一种特殊的成员类型）和一个方法 f。有了类，就可以实例化具体对象。类实例化为具体对象的操作如示例 9.2 所示。

【示例 9.2】类的实例化。

```
#MyClass 类的定义详见示例 9.1
x = MyClass()#将类实例化为具体对象 x
print("MyClass 类的数据 i 为:",x.i)#用 x.i 获取 x 对象中 i 的数据
print("MyClass 类的方法 f 输出为:",x.f())#用 x.f()调用 x 对象中的具体方法
```

输出结果为:

```
MyClass 类的数据 i 为:123
MyClass 类的方法 f 输出为:hello world
```

示例 9.2 中,x = MyClass( )就是将 MyClass 这个类具体实例化为一个具体对象 x。第 3 行用 x.i 获取 x 对象中 i 的数据,第 4 行用 x.f( )调用 x 对象中的具体方法。需要注意,上例中 x.f( )调用了对象 x 的具体方法,根据类的定义,f 方法定义了一个参数 self,self 是面向对象中一个非常特殊的参数,它表示一个对象本身,即 x 自己。如示例 9.3 所示,将 self 的内容打印出来。

【示例 9.3】 查看 self 参数。

```
class MyClass:
    i = 123
    def f(self):
        print(self)
        return 'hello world'

x = MyClass()
print("MyClass 类的数据 i 为:", x.i)
print("MyClass 类的方法 f 输出为:", x.f())
```

输出结果为:

```
MyClass 类的数据 i 为:123
<__main__.MyClass object at 0x0000000004D63588>
MyClass 类的方法 f 输出为:hello world
```

示例 9.3 在定义类时增加了打印 self 的方法,这样可以通过 x.f( )看到 self 具体是什么。结果显示 self 是一个具体的对象,也就是类被实例化后的对象。f(self)的含义是,self 这个对象调用 f( )。

2. 类的成员

类的成员,也就是类体中有的内容,主要成员如图 9-3 所示。

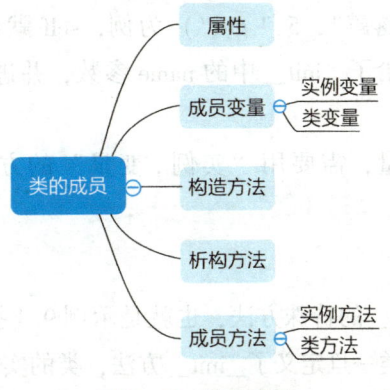

图 9-3 类的成员

(1) 实例变量

实例变量是具体某个实例对象特有的数据，比如某个同学的学号、姓名、性别等，就是该同学对象特有的数据。类中定义实例变量如示例 9.4 所示。

【示例 9.4】 定义实例变量。

```
#在 Student 类中定义实例变量
class Student:
    def __init__(self,name,age,gen):
        self.name = name#self.name 就是一个实例变量,实例变量都由"self."定义,下面的 self.age 和 self.gen 都是实例变量
        self.age = age
        self.gen = gen

u = Student("露露",5,"girl")
print("这是{0}同学,{1}岁了,是个{2}".format(u.name,u.age,u.gen))
y = Student("洋洋",6,"boy")
print("这是{0}同学,{1}岁了,是个{2}".format(y.name,y.age,y.gen))
```

输出结果为：

这是露露同学,5 岁了,是个 girl
这是洋洋同学,6 岁了,是个 boy

示例 9.4 中，Student 类定义了一个 __init__ 方法，是类的构造方法，任何类的构造方法都是 __init__，关于构造方法将在后面详细介绍，在这里只需了解构造方法是类实例化成对象时运行的方法。注意，__init__ 中 init 前后都是两个短下划线。__init__ 方法中定义了 4 个参数，第 1 个参数是 self，即对象本身，其他 3 个参数 name、age、gen 分别表示学生的姓名、年龄和性别。在构造方法的方法体中，这 3 个参数将被传递给 Student 类的成员变量 self.name、self.age、self.gen。

在实例化 Student 时，Student 后面括号的实参会被自动传递给 __init__ 的参数列表中。但要注意，__init__ 中的 self 参数是自动被赋值为对象本身，不需要也不能再赋予其他参数值，以第 8 行代码 u = Student("露露",5,"girl") 为例，self 默认被赋予了这个实例化对象，"露露" 这个实参实际上是传给了 __init__ 中的 name 参数，并进一步赋给了 self.name 这个实例变量，也就是 u.name。

程序中如果使用实例变量，需要用 "实例.变量" 的方法，如示例 9.4 中第 9 行的 u.name。

(2) 构造方法

所有类都有一个名为 __init__ 的特殊方法，也就是示例 9.4 提到的构造方法，它是专门用来创建和初始化实例变量的。类一旦定义了 __init__ 方法，类的实例化操作会自动调用 __init__ 方

法。如示例 9.4 中第 7 行所示，构造方法是在类实例化 u = Student（"露露"，5,"girl"）时被直接调用。构造方法也可以拥有参数列表，如示例 9.4 中的 u = Student（"露露"，5,"girl"），"露露"、5、"girl" 这些参数会自动传给构造方法中对应的形参。

如果不需要特殊初始化任何数据，可以不特殊写明 __init__，这样 Python 在实例化对象时虽然也会调用构造方法，但相当于构造方法什么也没做。

构造方法的参数也可以有默认值，如示例 9.5 所示。

【示例 9.5】构造方法的参数也可以有默认值。

```
class Student:
    def __init__(self,name,age = 6,gen = "boy"):#构造方法中的参数也可以有默认值
        self.name = name
        self.age = age
        self.gen = gen

d = Student("多多")
print("这是{0}同学,{1}岁了,是个{2}".format(d.name,d.age,d.gen))
```

输出结果为：

这是多多同学,6 岁了,是个 boy

示例 9.5 中的 d = Student(" 多多")，只给构造方法传递了一个参数，但是构造方法在定义时指定了其他参数的默认值，所以并不影响为具体实例变量赋值。

与普通函数一样，构造方法在传参时可以指定参数名称，从而改变传参默认顺序，如示例 9.6 所示。

【示例 9.6】实例化对象时可以指定参数名称。

```
class Student:
    def __init__(self,name,age,gen):
        self.name = name
        self.age = age
        self.gen = gen

h = Student(gen = "girl",name = "涵涵",age = 5)#实例化对象时可以指定参数名称
print("这是{0}同学,{1}岁了,是个{2}".format(h.name,h.age,h.gen))
```

输出结果为：

这是涵涵同学,5 岁了,是个 girl

示例 9.6 中的 "h = Student（gen = "girl"，name = "涵涵"，age = 5）"，实例化对象传参时使用了参数名字，调整了传参的顺序。从输出结果看，并不影响传参的准确性。

注意，调用了构造方法并不代表初始化了实例变量，真正的实例变量赋值是在函数体中完成的，如示例 9.6 中 self.name = name 等操作。

(3) 实例方法

实例方法是属于某个具体实例对象特有的方法，定义和使用见示例 9.7。

【示例 9.7】定义实例方法。

```
class Student:
    def __init__(self,name,age,gen):
        self.name = name
        self.age = age
        self.gen = gen

    def math(self,grade):  #定义了实例方法 math
        print("{0}同学,数学得{1}分".format(u.name,grade))

    def eng(self, grade):  #定义了实例方法 eng
        print("{0}同学,英语得{1}分".format(u.name,grade))

u = Student(gen = "girl",name = "露露",age = 5)
u.math(99)   #调用实例方法 math
u.eng(100)   #调用示例方法 eng
```

输出结果为：

露露同学,数学得 99 分
露露同学,英语得 100 分

在示例 9.7 中定义了 math 和 eng 两个方法，分别用于输出数学和英语成绩。两个方法的第一个参数都是 self，即对象本身，这就说明两个方法都是实例特有的方法。

实例方法在调用时同样使用"对象.方法"的形式。例如示例 9.7 中的 u.math(99)，在传递参数时，self 形参同样是自动被赋予了 1 代表的对象，u.math(99) 中的 99 自动被传递到下一个参数 grade 中。

(4) 类变量

与成员变量不同，类变量属于整个类，所有由这个类实例化的对象都拥有这个变量。类变量的定义与使用如示例 9.8 所示。

【示例 9.8】定义类变量。

```
class Student:

    school = "AAA 幼儿园"  #定义类变量
```

```
    def __init__(self,name,age,gen):
        self.name = name
        self.age = age
        self.gen = gen

u = Student(gen = "girl",name = "露露",age =5)
print("这是{0}同学,{1}岁了,是个{2}" .format(u.name,u.age,u.gen))
print("所在幼儿园是{0}" .format(u.school))

y = Student("洋洋",6,"boy")
print("这是{0}同学,{1}岁了,是个{2}" .format(y.name,y.age,y.gen))
print("所在幼儿园是{0}" .format(Student.school))
```

输出结果为:

这是露露同学,5 岁了,是个 girl
所在幼儿园是 AAA 幼儿园
这是洋洋同学,6 岁了,是个 boy
所在幼儿园是 AAA 幼儿园

示例 9.8 中定义的 school 就是 Student 类的类变量。类变量的定义和赋值都不是在构造函数中完成的,也没有 self 参数。类变量及其变量值属于这个类的所有实例化对象。示例 9.8 中,u 对象中的 school 和 y 对象中的 school 都是"AAA 幼儿园"。调用类变量时,既可以使用对象名调用,如 u.school,也可以直接使用类名调用,如 Student.school。

(5) 类方法

与成员方法不同,类方法属于整个类,所有由这个类实例化的对象都拥有这个方法。类方法的定义与使用如示例 9.9 所示。

【示例 9.9】 定义类方法。

```
class Student:

    cost_per_day =50

    def __init__(self,name,age,gen):
        self.name = name
        self.age = age
        self.gen = gen

    @classmethod  #定义类方法之前需要使用@classmethod 装饰器标注
    def costTotal(cls, days):  #定义类方法
```

```
        print("这个月的幼儿园费用是{0}".format(cls.cost_per_day * days))

u = Student(gen = "girl",name = "露露",age = 5)
u.costTotal(22)

y = Student("洋洋",6,"boy")
Student.costTotal(20)
```

输出结果为:

```
这个月的幼儿园费用是1100
这个月的幼儿园费用是1000
```

示例 9.9 中定义的 costTotal 方法是类方法,类方法在定义时需要在前 1 行使用 @classmethod,这是一个装饰器,用它标注的方法就是类方法。调用类方法时可以使用"对象.方法",如 u.costTotal(22);也可以使用"类.方法",如 Student.costTotal(20)。类方法的第一参数是 cls,它在调用时会被自动赋予这个类,也就是类本身将被赋予到这个参数中。u.costTotal(22) 中的 22 或 Student.costTotal(20) 中的 20 将被自动传给其他参数(如 days)。注意,类方法定义时,只能处理类变量,不能处理成员变量。

9.3 面向对象的特性

1. 封装性

在面向对象编程实战中,很少会逐一编写每个类,一般都是调用其他人已经写好的类和方法。一个程序员一般也不希望别人随意修改自己定义的类,只留下接口以方便其他程序员调用。这就好比开车,车的内部有发动机、电气设备等,但实际上车是作为一个封装好的整体交给司机,司机只需要通过事先预置的方向盘、刹车、油门、操纵杆等接口控制车就可以,不用关心那些零件怎么工作,也不建议自己私自改装。使用 Python 设计和定义类采用同样思想,"封装"隐藏了类的内部细节,只保留部分对外接口,外部调用者不用关心内部实现细节。所以定义类,也被称为封装类。

如何隐藏类的内部细节?主要通过私有变量和私有方法实现。

(1) 私有变量

私有变量是只有类内部才能识别和操作的变量,主要是为了防止外部调用者随意读取或修改数据。在定义时,私有变量的变量名前需要加双下划线,如示例 9.10 所示。

【示例 9.10】定义私有变量。

```
class Student:

    school = "AAA 幼儿园"
```

```
        def __init__(self,name,age,gen):
            self.name = name
            self.__age = age  #self.__age 是一个私有变量
            self.gen = gen

u = Student(gen = "girl",name = "露露",age = 5)
print("这是{0}同学,{1}岁了,是个{2}" .format(u.name,u.__age,u.gen))
```

输出结果为：

'Student' object has no attribute '__age'

示例9.10中，在类Class中将__age设置成私有变量，在类外部使用"对象.变量"（u.__age）就无法识别这个变量了。示例9.10是将实例变量变成私有变量，还可以将类变量变成私有变量，如示例9.11所示。

【示例9.11】将类变量设置为私有变量。

```
class Student:

    __school = "AAA 幼儿园"  #将类变量设置为私有变量

    def __init__(self,name,age,gen):
        self.name = name
        self.__age = age
        self.gen = gen

u = Student(gen = "girl",name = "露露",age = 5)
print("{0}同学在{1}" .format(u.name,u.__school))
```

输出结果为：

'Student' object has no attribute '__school'

示例9.11中，在类Student中将类变量__school设置成私有变量之后，在类外部使用"对象.变量"（u.__school）就无法识别这个变量了。那使用"类名.变量"可以吗？如示例9.12所示。

【示例9.12】尝试使用"类名.变量"方法调用私有变量。

```
class Student:

    __school = "AAA 幼儿园"
```

```
    def __init__(self,name,age,gen):
        self.name = name
        self.__age = age
        self.gen = gen

u = Student(gen = "girl",name = "露露",age = 5)
print("{0}同学在{1}".format(u.name,School.__school))#使用"类名.变量"依然无法查
看私有变量
```

输出结果为:

```
type object 'Student' has no attribute '__school'
```

示例 9.12 中尝试用"类名.变量"方式访问私有变量,仍然不成功。

在编程中,如果希望访问私有变量怎么办?私有变量不能在类外被访问,因此,可以在类内定义一个方法去访问私有变量,然后在类外调用这个方法,如示例 9.13 所示。

【示例 9.13】 通过类内方法访问私有变量。

```
class Student:

    __school = "AAA 幼儿园"

    def __init__(self,name,age,gen):
        self.name = name
        self.__age = age
        self.gen = gen

    def get_school(self):
        print("这是{0}同学,{1}岁了,是个{2}".format(self.name,self.__age,self.gen))

u = Student(gen = "girl",name = "露露",age = 5)
u.get_school()
```

输出结果为:

```
这是露露同学,5 岁了,是个 girl
```

示例 9.13 中定义了一个实例方法 get_school,它可以在类内访问私有变量 self.__age。在类外,可以通过调用这个实例方法来访问私有变量。

(2) 私有方法

除了变量可以私有化外,还可以将方法变成私有方法。通过双下划线命名的方法就是私

有方法，如示例 9.14 所示。

【示例 9.14】 定义私有方法。

```
class Student:

    __school = "AAA 幼儿园"

    def __init__(self,name,age,gen):
        self.name = name
        self.__age = age
        self.gen = gen

    def __get_school(self): #定义私有方法
        print("这是{0}同学,{1}岁了,是个{2}".format(self.name,self.__age,self.gen))

u = Student(gen = "girl",name = "露露",age = 5)
u.__get_school()
```

输出结果为：

```
'Student' object has no attribute '__get_school'
```

示例 9.14 中定义了私有方法 __get_school。在类外尝试调用此方法，结果不成功。如果希望调用类的私有方法，只能采用和访问私有变量相同的方法，在类内再定义一个方法去调用私有方法。有兴趣的同学可以自己尝试一下。

在编程中，不建议私有变量在类外使用，但是有些私有变量又不可能避免被用户在类外访问。如果总是通过类内其他方法调用略显麻烦，这时就可以使用属性。

(3) 属性

属性不是客观事物属性特征的描述，而是一种类内成员，可以将它理解为变量和方法的组合，属性的定义和使用方法如示例 9.15 所示。

【示例 9.15】 定义属性。

```
class Student:

    __school = "AAA 幼儿园"

    def __init__(self,name,age,gen):
        self.name = name
        self.__age = age
        self.gen = gen
```

```
@property  #定义一个属性之前需要使用@property装饰器标注,表示下一行要定义属性
def age(self):
    #定义一个方法获取私有变量值,这个方法必须和私有变量去掉双下划线之后的名称(age)一样,
这时age就变成了属性,对应的是私有变量__age
    return self.__age

@age.setter  #属性可以被赋值,定义赋值的方法之前需要使用@属性名.setter装饰器
标注
def age(self, age):#为属性赋值的方法,方法名也必须和属性名一模一样
    self.__age = age

u = Student(gen = "girl", name = "露露", age = 5)
print("这是{0}同学,{1}岁了,是个{2}".format(u.name,u.age,u.gen))
u.age = 6
print("这是{0}同学,{1}岁了,是个{2}".format(u.name,u.age,u.gen))
```

输出结果为：

```
这是露露同学,5岁了,是个girl
这是露露同学,6岁了,是个girl
```

在示例 9.15 中，有一个私有变量__age；定义了@property 装饰器标注，表示下一行要定义属性；定义了方法 age 获取私有变量值，这个方法必须和私有变量去掉双下划线之后的名称（age）一样，这时 age 就变成了属性，对应的是私有变量__age。有了这个属性，用户可以在类外直接访问属性值（也就是私有变量值）。除了访问，属性还可以被赋值，使用"@属性名.setter"装饰器表明下一行要定义为属性赋值的方法。def age（self,age）定义为属性赋值的方法，方法名也必须和属性名一模一样，这样也可以在类外对属性直接赋值（相当于修改了私有变量值）。

有了 age 属性，用户就可以像访问公有变量（非私有变量）一样正常访问私有变量，如使用 u.age 获取了__age 的值，并且这时已经不需要双下划线了。同时，也可以通过 u.age = 6 将__age 值改为 6。

2. 继承性

继承是为代码和设计复用而准备的，是面向对象程序设计的重要特性之一。当设计一个新类时，如果可以继承一个已有的设计良好的类然后进行二次开发，无疑会大幅度减少开发工作量。例如设计了一个"哺乳动物类"，然后再设计一个"猫类"去继承"哺乳动物类"，这样哺乳动物类中的属性和方法就都可以被猫类所使用。这也符合自然规律，猫确实有哺乳动物的特征和行为。

在继承关系中，被继承的、已有的、设计好的类称为父类或基类，继承的、新设计的类

称为子类或派生类。注意，派生类可以继承父类的公有成员，但是不能继承其私有成员。如果需要在派生类中调用父类的方法，可以使用内置函数 super() 或者通过"父类名.方法名()"的方式来实现这一目的。

在本章开始时介绍过，在定义类时，类名后面括号中可以写明继承自哪个父类，如果没有继承其他类，括号可以不写，但会默认继承 object 类，这是所有 Python 类的"祖宗"。

定义一个"人类"（class Person），如示例 9.16 所示。

【示例 9.16】定义 Person 类。

```python
class Person(object):#object 可以不写

    def __init__(self,name,age,gen):
        self.name = name
        self.age = age
        self.gen = gen

    def getInfo():
        print("这是{0},{1}岁了,是个{2}".format(self.name,self.age,self.gen))

    def sayHello():
        print("Hello! Everyone!")

    def haveDinner():
        print("I'm going to have cakes")
```

再定义一个"学生类"（class Student），继承"人类"，代码如示例 9.17 所示。

【示例 9.17】定义 Student 类，继承 Person 类。

```python
#Person 类详见示例 9.16
class Student(Person):

    def __init__(self,name,age,gen,school):
        super().__init__(name, age, gen)
        self.school = school

    def goToSchool(self):
        print("I'm going to {0} now".format(self.school))
```

将学生类实例化为具体对象，调用相关方法，如示例 9.18 所示。

【示例 9.18】 将学生类实例化为具体对象。

```
#Student 类详见示例 9.17
u = Student(gen = "girl",name = "露露",age = 5,school = "AAA 幼儿园")
u.getInfo()
u.sayHello()
u.haveDinner()
u.goToSchool()
```

输出结果为：

```
这是露露,5 岁了,是个 girl
Hello! Everyone!
I'm going to have cakes
I'm going to AAA 幼儿园 now
```

示例 9.16 定义了 Person 类，其中包括 name、age、gen 3 个实例变量和 getInfo、sayHello、haveDinner 3 个方法。

示例 9.17 定义的 Student 类继承了 Person 类，Student 类除了继承 name、age、gen 3 个变量外，还自增了一个变量 school；除了继承了 getInfo、sayHello、haveDinner 3 个方法外，还自增了一个方法 goToSchool。注意，在 Student 类的构造方法中使用了 super()，用于提示后面的构造方法是使用父类的构造方法。

示例 9.18 实例化具体的学生类，其父类（Person 类）中的变量都可以正常赋值，并被子类对象 u 所调用；父类中的方法也都可以被子类对象 u 所调用，这就是继承关系。

在 Python 中还支持多继承，例如定义了一个"马类"（class Horse），又定义了一个"驴类"（class Donkey），然后定义一个"骡子类"（class Mule）。现实世界中，骡子继承了马和驴，是一个多继承关系。在 Python 中反应这个多继承关系的代码如示例 9.19 所示。

【示例 9.19】 用 Python 代码表达"骡子类"继承了"马类"和"驴类"。

```
class Mule(Horse, Donkey)
```

示例 9.19 中，Mule 后的括号里出现了 Horse 和 Donkey 两个父类，这样骡子类就继承了马类和驴类。多继承在很多语言中都被禁止使用，因为继承的方法可能会冲突。Python 中一旦继承多个父类之间的方法出现冲突，默认继承的是第一个父类中的方法。感兴趣的同学可以自行研究。

3. 多态性

（1）方法重写

虽然子类会继承父类的变量和方法，但也可以"不完全照搬"，例如示例 9.16 中的 Person 类，sayHello 方法打印出的是"Hello! Everyone!"，haveDinner 方法打印出的是"I'm going to have cakes"。但可以在子类继承时对其进行重写,如示例9.20所示。

【示例9.20】子类重写方法。

```python
#Person类详见示例9.16
class Student(Person):

    def __init__(self,name,age,gen,school):
        super().__init__(name, age, gen)
        self.school = school

    def goToSchool(self):
        print("I'm going to {0} now".format(self.school))

    def haveDinner(self): #对父类方法进行重写
        print("I'm going to have noodles")

    def sayHello(self): #对父类方法进行重写
        print("Hello! Teachers!")

u = Student(gen = "girl",name = "露露",age = 5,school = "AAA幼儿园")
u.getInfo()
u.sayHello()#该方法调用的是Student类重写的方法
u.haveDinner()#该方法调用的是Student类重写的方法
u.goToSchool()
```

输出结果为:

```
这是露露,5岁了,是个girl
Hello! Teachers!
I'm going to have noodles
I'm going to AAA幼儿园 now
```

示例9.20中,Student类作为Person类的子类,并且重写了父类中的haveDinner和sayHello方法(重写可以不按照父类中定义方法的顺序)。此时再用Student实例化对象并调用方法时会发现,调用的实际上是被子类重写的方法。u.sayHello()和u.haveDinner()调用的方法是Student类重写的方法,例如调用sayHello输出的是"Hello! Teachers!",而不是父类的"Hello! Everyone!"。

(2)多态性

多态性用一句谚语来描述就是"龙生九子,各有不同"。龙是父类,它的9个儿子虽然都继承了它的特性,但又有"进化"和"个性",每个子类都不完全相同。Python中因为有了重写机制,所以即使子类与父类拥有相同的方法,也可以拥有不同的实现机制。即有多个子类继承父类，在重写父类方法后，这些子类采用不同的方式实现父类方法。

多态性很符合客观事物规律，例如打印机是一个父类，它有"打印"方法。"黑白打印机"和"彩色打印机"是它的两个子类，这两个子类都继承了"打印"方法，但是实现方式是完全不同的，如图9-4所示。

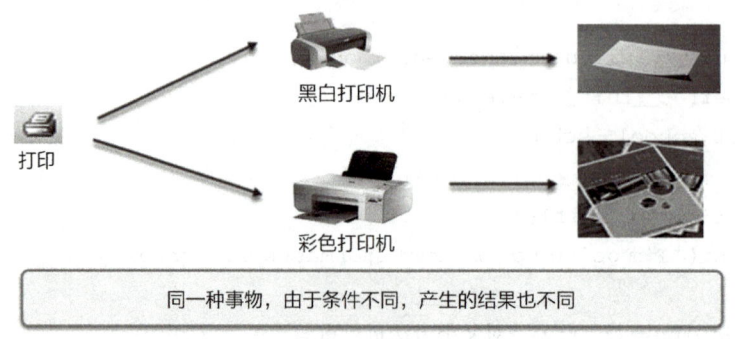

图9-4 生活中的"多态"

多态的好处就是，当需要传入更多的子类时，例如新增 Teachers、Managers 等子类，只要它们继承了示例9.16中 Person 类，就自动具备了 sayHello、haveDinner 等方法。新的子类可以直接用父类的这些方法，也可以自行写一个"个性化"的实现方式，这就是多态的意义。对于类的用户而言，只需要调用对应的方法即可，不用关注细节。

示例9.21是一个简单的多态例子，动物类（class Animal）是父类，它被不同动物子类所继承，包括猴类（class Monkey）、猪类（class Pig）、狗类（class Dog），这些子类都继承了动物类中的 run 方法，但是各个子类在实现 run 方法时又各不相同。

【示例9.21】多态举例。

```
class Animal:
    def run(self):
        print()

class Monkey(Animal):
    def run(self):
        print('monkey is walking')

class Pig(Animal):
    def run(self):
        print('pig is walking')

class Dog(Animal):
    def run(self):
        print('dog is running')
```

```
monkey = Monkey()
pig = Pig()
dog = Dog()

monkey.run()
pig.run()
dog.run()
```

输出结果为：

```
monkey is walking
pig is walking
dog is running
```

9.4 实例解析：打印选手成绩

（1）问题描述

某象棋队进行队内比赛，胜一场得1分，和一场得0.5分，负一场得0分，共进行5轮比赛。本次比赛成绩评定规则：4.5分（含4.5分）以上为优秀，3.5分（含3.5分）以上为良好，2.5分（含2.5分）以上为中等，1.5分（含1.5分）以上为及格，1.5分以下为不及格。

要求：根据管理人员输入的队员和分数，打印出该队员取得的成绩。

（2）问题分析解决

步骤一：设计一个"棋手类"，包括棋手姓名和分数两个信息，以及根据成绩评定规则打印成绩的方法。

步骤二：允许用户输入队员名字和分数。

步骤三：通过步骤二输入的队员名字和分数，实例化"棋手类"，并通过调用方法实现成绩打印。

编写如下 Python 程序代码：

```
#定义棋手类
class chessPlayer():
    #定义队员信息
    def __init__(self,name,score):
        self.name = name
        self.score = score

    #根据成绩评定规则,定义成绩打印方法
```

```
        def print_grade(self):
            if self.score >=4.5:
                print("队员{0},成绩为优秀".format(self.name))
            elif self.score >=3.5:
                print("队员{0},成绩为良好".format(self.name))
            elif self.score >=2.5:
                print("队员{0},成绩为中等".format(self.name))
            elif self.score >=1.5:
                print("队员{0},成绩为及格".format(self.name))
            else:
                print("队员{0},成绩为不及格".format(self.name))

#请用户输入队员姓名和分数
name1 = input("请输入队员姓名:")
score1 = input("请输入{0}队员的成绩:".format(name1))

#通过实例化棋手类,打印队员的成绩
chessPlayer1 = chessPlayer(name1, float(score1))#通过float将score1强制转化为浮点型,确保程序顺利运行
chessPlayer1.print_grade()
```

上述代码中定义了chessPlayer类（棋手类），里面包括了name属性（棋手姓名）、score属性（棋手分数）和print_grade方法（根据成绩评定规则，定义成绩打印方法）；通过使用内置方法input允许用户手工输入参赛队员姓名和对应的分数，并将其赋给name1和score1两个变量；语句ChessPlayer1 = ChessPlayer(name1, float(score1))，通过前面用户输入的name1和score1实例化棋手类，得到对象chessPlayer1，并调用该对象的print_grade方法，完成成绩打印。

将上述程序保存为文件chessPlayer.py，在PyCharm集成开发环境中运行该程序。输入参赛队员姓名"露露"和分数"4.5"，程序运行结果如下：

请输入队员姓名:露露
请输入露露队员的成绩:4.5
队员露露,成绩为优秀

习题9

一、单项选择题

1. 面向对象的开发方法通常都支持一些基本原则，下列哪一项不包含在这些原则中（   ）。
    A. 封装   B. 继承   C. 多态   D. 序列化

2. 定义类的关键字是（　　）。
   A. Class　　　　B. class　　　　C. Instance　　　　D. instance
3. 定义类 A 的子类 B，下列哪种方式是正确的（　　）。
   A. class B extend A　B. class A(B)：　C. class B(A)：　D. Class B:A
4. 在多重继承中，如果想知道一个子类的成员搜索顺序，可以访问下列哪一个特殊属性（　　）。
   A. __hash__　　　B. __repr__　　　C. __mro__　　　D. __doc__

二、判断题
1. 特殊方法 "__init__" 的第一个参数永远是 self。　　　　　　　　　　　（　　）
2. 一个类中只能有一个类成员。　　　　　　　　　　　　　　　　　　　（　　）
3. 类和它的对象必须写在同一个文件里。　　　　　　　　　　　　　　　（　　）
4. 继承机制中，子类只继承公有成员，不继承私有成员。　　　　　　　　（　　）
5. 如果基类和子类中有同名方法，基类中的同名方法将不可调用。　　　　（　　）
6. 多态要求在基类定义统一的接口，在派生类中分别实现它。　　　　　　（　　）

三、程序阅读题
1. 下面这段代码的输出结果将是什么？

```
class Parent:
    x = 1

class Child1(Parent):
    pass

class Child2(Parent):
    pass

print(Parent.x, Child1.x, Child2.x)
Child1.x = 2
print(Parent.x, Child1.x, Child2.x)
Parent.x = 3
print(Parent.x, Child1.x, Child2.x)
```

2. 下面这段代码的输出结果将是什么？

```
class Animal:
    def __init__(self,name,weight):
        self.name = name
        self.weight = weight
    def eat(self):
        self.weight + =1
```

```python
        def fly(self):
            print ("Can I fly?")
        def jump(self):
            print ("Can I jump? ")
        def __str__(self):
            return ( f ' My name is { self.name } and my weight is { self.weight } kilogram(s).')

    class Tiger(Animal):
        def fly(self):
            print ("I can't fly")
        def jump(self):
            print ("I can jump ")

    class Bird(Animal):
        def fly(self):
            print ("I can fly")
        def jump(self):
            print ("i can jump ")

    class Snake(Animal):
        def fly(self):
            print ("I can't fly")
        def jump(self):
            print ("I can't jump ")

    t = Tiger('tOne',1000)
    b = Bird('bOne',0.5)
    s = Snake('sOne',2)

    zoo = [ ]
    zoo.append(t)
    zoo.append(b)
    zoo.append(s)

    for animal in zoo:
        print(f"I am a {type(animal).__name__}.{animal}")
        animal.fly()
        animal.jump()
```

四、程序设计题

编写一个银行账户类,包含编号、姓名和存款余额等属性,具有存款、取款和获取信息方法,存款时会验证存款额大于0,取款时会验证取款额不大于存款余额,获取信息方法按照类似 "Account(ID: 123 Name: 'Tim' Balance: 10000)" 的格式返回账户的全部信息。编写代码实现上述功能。

参考文献

[1] 嵩天,礼欣,黄天雨. Python 语言程序设计基础 [M]. 北京:高等教育出版社,2014.
[2] 李学刚. Python 语言程序设计 [M]. 北京:高等教育出版社,2020.